圖解 軍事裝備

大波篤司 著

序

有句話說「輕視補給的軍隊是無法戰勝的」。戰車、軍艦、戰鬥機……等等，當然是戰鬥時的必備道具，但糧食、服裝之類和軍隊的強弱看起來沒有關係的東西，在戰爭中也是很重要的。

本書的寫作方式不是一般所謂的「軍隊裝備書」。軍隊的制服會依時代和國家不同，有相當大的差異；而且數量、種類也非常多。把制服或裝備按年代或型號一一列出、比較的書籍，固然有它的閱讀樂趣，但那樣一來，光是一種裝備就必需花上好幾本書的篇幅才能寫完。

這種把各種年代、型號間相異的部分做徹底解說的書籍，是屬於高級者取向的專門書籍。而且所謂裝備的名字，在軍隊中也不一定有被嚴密地定義出來。「前期型」、「1944年式」等等的叫法，不過是收藏家或研究者為了方便而給的稱呼。許多這類的詞彙通常只是專家或狂熱者之間對話用的代號而已。

要把這些詞彙像準備考試般地背起來，難度明顯太高，不適合分類在『把興趣變成知識』的概念中。本書不願意降低「喔～原來如此」的「樂趣」，所以盡可能地不拘泥在細節上面。本書特別推薦給想把軍用品（或類似的服裝、裝備等）寫入自己的創作中，但由於基礎知識裡有許多艱澀難懂的部分，因此不得其門而入的人閱讀。例如解說寒冷地區使用的裝備時，比起詳細說明「哪個國家在哪一年研發出了這款裝備」的歷史、年代、細部規格等等，本書更重視的是：讓士兵們裝備上這些物品後能夠「看起來很有在寒冷地區戰鬥的架勢」的這點。

軍用裝備除了出現在電影或漫畫的世界中之外，現代警察也會裝備這些東西。有些軍用裝備還被當成戶外運動用品來販賣，因此在日常生活中見到軍用裝備的機會也增加了。看完本書後，應該能夠以不同的眼光來看待這些軍事道具。

大波 篤司

目次

第一章　基礎知識　7

第二章　制服　39

第三章　個人裝備　97

第一章
基礎知識

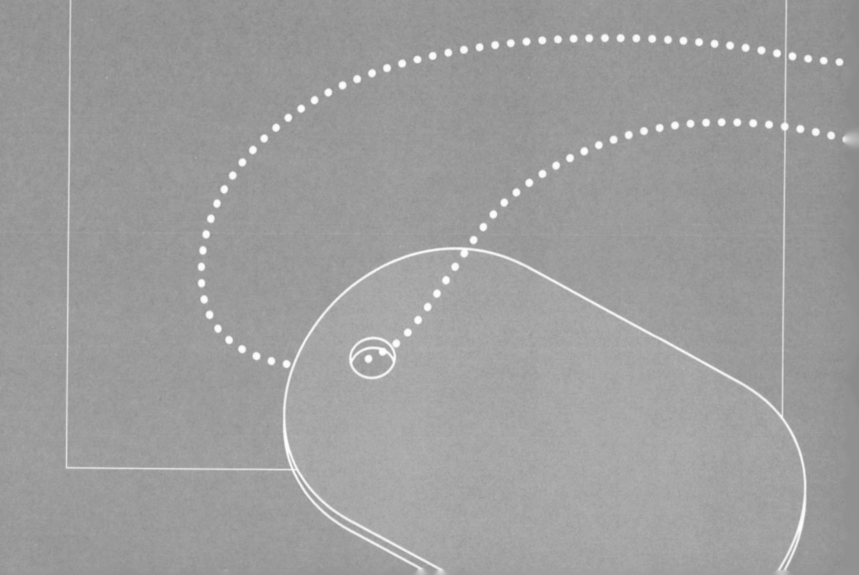

No.001

軍用裝備是專家用的高級品嗎？

軍隊的裝備品是長年累月進化而來的專家用產品。一旦被經過訓練的士兵使用，就可以發揮出它們的最大效能，並且能夠提升戰鬥力。——真的是這樣嗎？

●軍用品與民生品

軍用裝備是不能依個人喜好隨意改變的。除了特種部隊被允許可以自行決定要使用哪些裝備之外，一般士兵是非得使用配給下來的裝備品不可的。

在二次的世界大戰及之後的冷戰期間，最新的技術都是優先被應用在軍事方面，國家的預算也是以軍事研究為第一順位。民生用品則大多是從成熟的軍事技術中衍生製造的產品。

但現代，由於沒有發生新的世界大戰的危機，因此國防預算被大幅刪減。新研發的軍備數量減少，研發費用也被削除；另一方面，民間企業的技術則不斷提升。兩者相乘之下，「把可以使用的民生品盡量地轉用在軍事上」的傾向就增強了。當然，戰車或戰鬥機之類的武器類或裝甲材料是無法轉用自民生產品的；但**手套**、**靴子**等配備則可以取用自民間的戶外運動產品的製造技術，或是直接把廠商的既有產品轉用到軍中。

近年來的戰爭主要以「小規模的區域性戰爭」為主，已經不再需要像冷戰時期那樣，不得不保有大量的戰車、戰鬥機不可，裝備品的採購數量也因此少了許多，取而代之的是「就算量少也沒關係，把使用了最新技術的裝備品盡快投入軍中」的想法。也就是說，把民間技術轉用到軍事上的模式變多了。

陸軍不管在哪個國家中都是戰鬥的基本組織，由數量龐大的步兵所構成。因此步槍、帳篷等的必要裝備品，在**說明書**的作成、裝備的訓練、維修用零件的採購等方面，都得統一標準才行。

軍備品一但分配給全軍使用之後，就很難再次做變更。因此除了戰車或戰鬥機這種尖端產品之外，基層的個人武器或帳篷等裝備，常會變成舊型的產品。

●軍用品與民生用品間的關係

直到冷戰結束為止……

預算會優先分配到軍事研究方面。

因此……

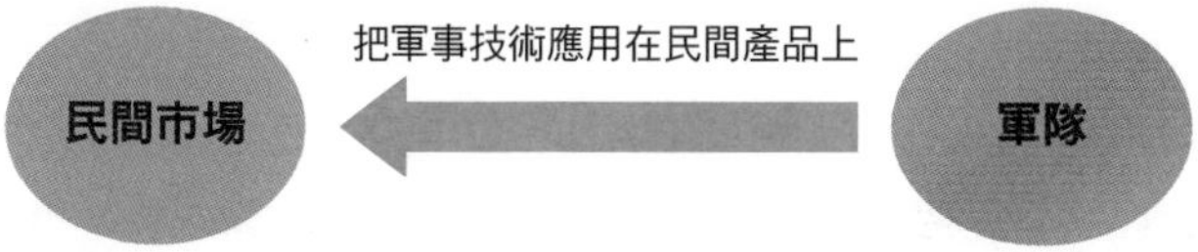

把軍事技術應用在民間產品上

民間市場 ← 軍隊

現在是……

冷戰結束後軍事研究的預算被刪減！

開發裝備的預算減少後……？

預算被戰車或戰鬥機等的尖端武器搶走。

步兵隊的人數眾多，因此武器的訓練或維修方面的規格變更、說明書的修正等等，都是浩大的工程。

個人裝備或野營用品容易成為舊型！

因此……

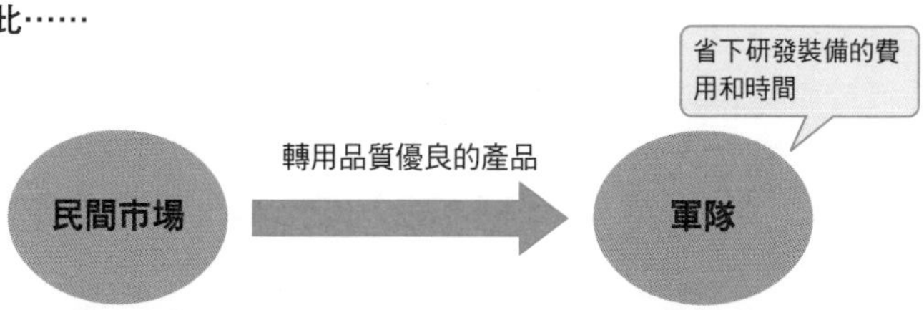

省下研發裝備的費用和時間

轉用品質優良的產品

民間市場 → 軍隊

小知識

在民生用品中，戶外運動用品（露營用品或服裝）與食品（口糧相關）之類的產品常被轉用成為軍用品，生產商也會以此作為宣傳賣點。

No.002

裝備品是如何誕生的？

軍隊使用的裝備並非都是「軍方的研發部門」特地設計的產品。應該說，由軍方研發的產品其實很少，大部分的裝備都是和外部（民間）合作研發出來的成品。

●決定規格→試作→測試

在研發新裝備時，首先要決定的是「規格條件」。規格是指規定出產品性能與外觀等的標準。以**吉普車**來說，「車身大小要在○○公尺內、引擎出力要在○○以上、可以搭乘○○人……」如此這般地訂定出詳細的要求。

新裝備的規格條件會受當時的國際情勢、預定使用的戰場等因素的強烈影響。越戰時美軍要求的是「適合在高溫潮濕的地區使用的產品」；波斯灣戰爭、伊拉克戰爭中要求的則是「可以對應沙塵很大的中東氣候，以及沒有遮蔽物的沙漠戰的產品」。

如果要求的條件很模糊，完成的產品就會變成不知道優點在哪裡，沒有具體用途的東西。如果裝備的優缺點很清楚明確，則可以很簡單地判斷出適合或不適合在哪些場合使用這項裝備。因此越明確地設定出使用情況的產品，對使用者來說操作起來越方便。

決定出規格後，就可以依照訂定出來的規格製造試作品，來接受軍方測試。研發單位不一定只限於軍方的研究機關，很多時候是讓複數的民間生產商一起參與競爭。

測試方法有很多種。以**帳篷**為例，有把試作品放在降雨室中，以人工雨連續澆淋數日來測試性能的方法；也有讓特種部隊的測試部隊帶到軍事演習區，在嚴苛的自然環境裡粗魯地使用，或是在極限環境中進行耐用度的測試。

通過測試的裝備品會被制式化，發配到軍隊中給士兵使用。但也有「提早配給」的情況：把初期的量產品發給士兵在實戰中使用，讓士兵指出缺點後，再重新改良，最後正式量產分配給所有的部隊使用。

研發裝備的流程

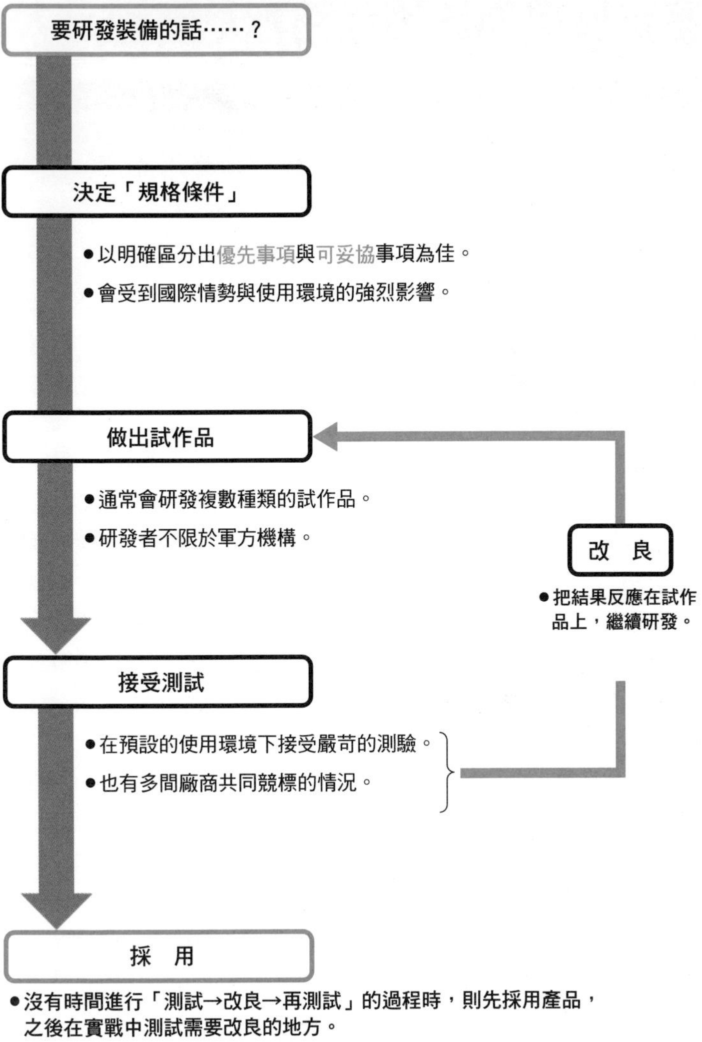

要研發裝備的話……？

決定「規格條件」

- 以明確區分出優先事項與可妥協事項為佳。
- 會受到國際情勢與使用環境的強烈影響。

做出試作品

- 通常會研發複數種類的試作品。
- 研發者不限於軍方機構。

改　良

- 把結果反應在試作品上，繼續研發。

接受測試

- 在預設的使用環境下接受嚴苛的測驗。
- 也有多間廠商共同競標的情況。

採　用

- 沒有時間進行「測試→改良→再測試」的過程時，則先採用產品，之後在實戰中測試需要改良的地方。

小知識

日本的民間製造商也會研發軍需品，但為了顧及國民感情，製造商大多不會拿這點來宣傳。

No.003

軍用裝備使用的材料都是特製品？

在過去，步槍的彈匣袋或手槍腰帶、吊帶等等的裝備品都是以皮革或帆布來製造的。這些材質便宜而且容易取得，但現在的主流則是以尼龍成分的產品。

●現代的主流是尼龍製品

從前的軍用裝備品通常是以皮革或帆布來製造的。

皮革和棉花一樣，是自古以來使用的材料，鞣過的話會變軟，可以製造袋子或腰帶；用火烤過的話則會變硬，可以製造靴子之類的物品。

帆布是製作面積大又耐用的產品時的絕佳材料。這種布料原本使用在船帆上，後來被應用在**帳篷**或**卡車**的蓋布上，但缺點是太重又太硬。

第二次世界大戰結束後，以化學纖維為製造原料的裝備品開始問世。其中由美國的杜邦公司所研發，被稱為尼龍的化學纖維，因為強度夠、耐磨擦，因此廣泛地被應用在各種裝備品上。

尼龍本身是無色的纖維，但可以在加工時上色。通常會被染成黑色或**軍綠色**，但印刷成和**迷彩服**成套的花紋的情況也不少。尼龍製的裝備品，常會塗上聚氨酯做防水加工。

現在還研發出了不易斷裂、不易磨損、強度比尼龍高2～3倍的「Cordura 尼龍」，以及比Cordura 尼龍更加柔軟的「Cordura Plus 尼龍」。

化學纖維的發展不僅限於尼龍而已。有名的「克維拉」是一種強度、耐熱度都很高的纖維，而且又耐拉扯，因此被應用在防彈裝備上。「GORE－TEX」這種素材的透氣性高，主要應用在雨具或**雨披**等防水服上。GORE－TEX同時也可以作為軍靴或戰鬥服的部分材料，以提高穿著時的舒適性。

裝備的製造材料

●直到第二次世界大戰為止的基本材質是……

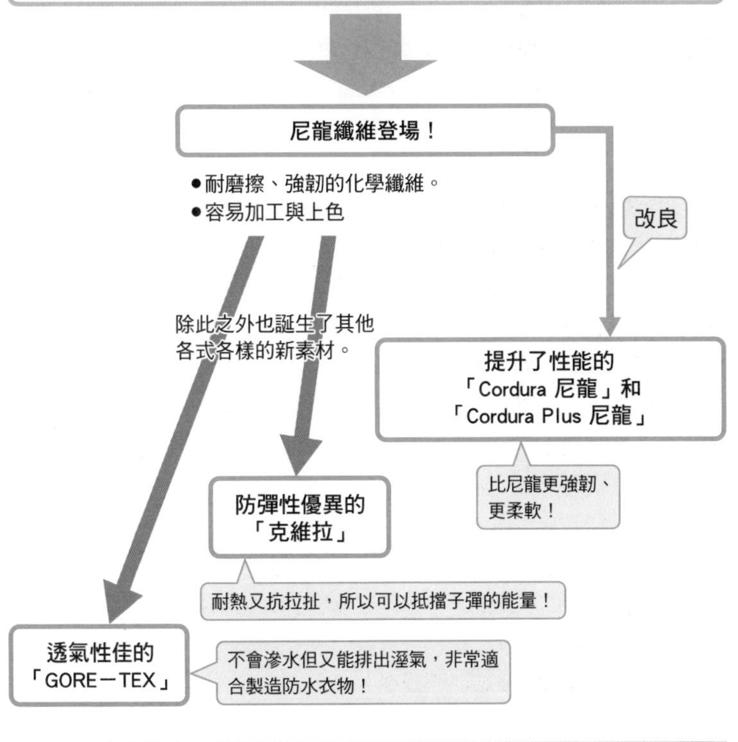

小知識

尼龍是1937年美國所研發出來的合成纖維，以「比絹更美麗、比鐵更可靠」為宣傳口號，被使用在各種衣物上。

No.004

放出品是什麼？

野戰服、靴子、背包、水壺……等等，這些軍隊專用的裝備不只出現在軍中，也可以在民間的商店購買或經由通販等管道取得。之所以會有這些放出品（Surplus）的存在，和軍方的採購方式有關。

●是放出品也是剩餘品

不單是軍隊，只要人數超過一定程度以上的組織，在採購用品時，都必需加上備用品的數量。為了避免裝備損壞或遺失等原因導致物品的數量不足，在一開始時就會準備超過定數的分量。

如果100人的組織裡只有100分裝備，一旦裝備品的數目減少，就無法完成任務。以野戰服為例，人數為100人時，必需準備150套衣服來預防耗損。當150套服裝漸漸減少至130……120……在低於100套（這叫「低於定數」或「少於人數」）之前，就必需追加購買新的野戰服。

第一種方式是只追加損耗掉的50套服裝。但如果原本訂購的150套服裝已經成為舊式產品或太過破舊，則會傾向於一次性地重新購買150套來取代之前的舊服裝。（這種做法的效率不高，但對廠商來說是有賺頭的事，所以公家機關常會選擇這麼做）

這種情況下，使用至今的110套野戰服就會變成多餘的物品。這些剩餘物資有時會被轉讓給在後方支援的部隊使用，但通常的情況是交給業者，轉賣到民間處理。這些裝備品被稱為「放出品」，在民間有一定的市場。

軍用放出品從第二次世界大戰時的古董到現用的裝備（或仿製品）都有。生產數較少的放出品，會像手錶或車子等收藏品一樣，價格水漲船高。此外，**口糧**等的食品類也會被當作放出品來販賣，但這類產品必需注意保存期限是否快要或已經過期。

不是黑市商品

Surplus＝放出品。

● 像軍隊這樣的組織……

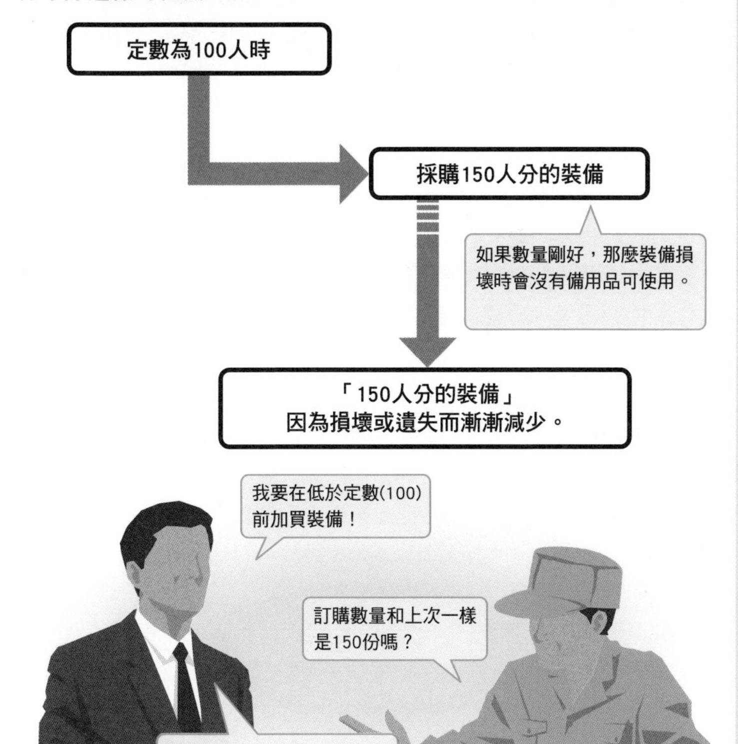

多出來的裝備會下放到民間
以「放出品」的名義在市場流通

小知識

基地付近會有很多放出品專賣店。這些商店不只販賣衣服或裝備，也會販賣口糧等的食物類放出品。

No.005

美軍規格（MIL-Spec）等於軍用的日本工業（JIS）規格？

美軍規格是指美軍使用的物品的「規格」。上自武器或裝備品，下至平常使用的小東西，全部都被嚴格地訂定出材質、形狀、尺寸、製作方法……等等。

●高品質的代名詞

美軍規格指的是在研發、採購軍用品時的規格。美國的軍事設施內所有使用的物品都必需基於這個規格來設計、研發。

軍隊對使用物品的要求標準會比一般的生活用品來得高。例如耐用度或性能極限等等，考慮到軍隊的活動環境——灼熱的沙漠或極冷的寒帶、熱帶雨林等等——就能明白如此嚴格的標準有它的意義在。

也就是說日本工業規格（JIS規格）的標準是以平民的一般生活圈為對象，美軍規格則是追求在軍隊活動的嚴苛環境中也能百分之百發揮該物品的性能。廣告中有時會看到「基於美軍規格來設計」或「產品符合美軍規格」之類的宣傳文句，但這不是真的接受過美軍審查，而是指該產品的規格檢查之嚴苛有如軍用品的規格檢查的意思。

和「軍用日本工業規格」的意思相近的是「美軍標準（Military Standard）」。美軍標準是一種可以測量與比較的「評價標準」，和規定「製作方法」的美軍規格在使用方式上是不同的。

美軍規格或美軍標準這些規定，除了應用在專門性高的飛機或電子產品之外，還會應用在軍靴、**軍帽**等的服裝類，或是**罐頭**、削鉛筆機等的生活用品上。但這種作法並不合乎成本上的效益，只是習慣性地執行著必要以上的高規格且無意義的檢查方法而已。

目前的潮流是階段性地廢止不必要的美軍規格，必要的部份也從重視「過程」改為重視「結果」。

美軍規格的合格品……？

美軍規格是……

Military Specification ＝研發、採購軍用品時作為依據的規格。

日本工業規格

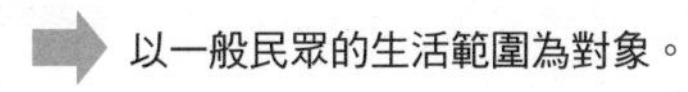

美軍規格

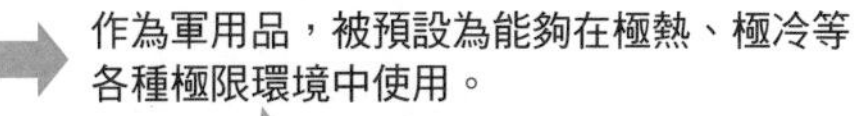

民間市場中的美軍規格意指

耐得住極限環境的高品質產品！

……的意思。

在軍隊中

飛機　電子機械　服裝　罐頭　文具用品

各種產品都必需符合規格。

但……

連和民生用品差不多功能的東西都要以美軍規格來製作，是浪費時間與金錢的行為。

以「美軍規格改革」之名重新做各種檢討，改成把民生用品引進到軍中作為裝備使用。

小知識

美軍規格的對象不限於物品，也可以用來要求軍隊的「服務」。

No.006

個人裝備可以被允許的差異程度是？

從武器、裝備的生產，或補給、訓練的效率化的角度而言，「統一裝備的規格」是基本中的基本。但看古老的戰爭照片時，一群士兵中，有幾個人的裝備和他人不同的情況也不少見。

●和他人不同的裝備、過時的裝備

基本上，軍隊就是要「統一規格」，因此嚴禁有人使用不同武器或裝備的這種事。把私人的槍器帶入軍中，或是穿戴特製的**頭盔**、**護具**等，更是不可允許的事。

不過也有例外的情況：當戰場上需要某些裝備，但因為各式各樣的理由，無法從軍隊中得到該有的裝備時，就會出現例外。

第二次世界大戰的末期，每個國家的物資都相當匱乏，士兵使用非正規裝備的情況很常見。軍方雖然想要統一裝備的規格，但無法湊齊該有的數量。加上前線戰場混亂，已經停產的裝備或外國製的裝備也常出現在部隊中。

越戰時，雖然知道霰彈槍對付在雨林或洞穴中神出鬼沒的越共很有用，但軍隊無法立刻調度出這麼多霰彈槍給士兵使用。因此士兵大多是把私人擁有的霰彈槍帶去越南使用。

此外，有些不是軍中裝備品的東西，只要不影響部隊的行動，通常是傾向於默許使用的。例如私人的小刀，只要軍方發配的**刺刀**有好好地掛在腰上，那麼私人小刀就不會被沒收。指南針或打火機這類小東西，也不曾聽說過有哪個部隊規定不准使用配給品以外的種類的這種事。基本上這類小東西都是以私人物品為主。

簡單來說，規格外裝備的容許程度是：為了獲得勝利而必要的東西，或長官判斷為不會有問題的東西。例如為了提高士氣，而戴著原創的部隊徽章或**貝雷帽**等等特別的裝備，這是被許可的；士兵在頭盔或車輛上寫著「〇〇去死」之類的標語也屬於默認的範圍。

和他人不同的裝備

●所有士兵的裝備都是一樣的嗎？

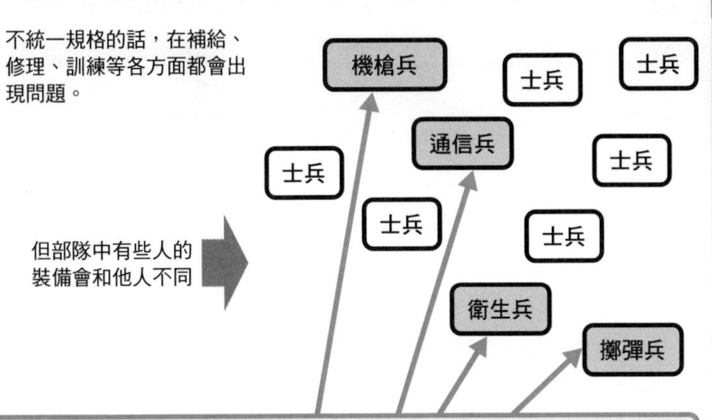

這些人是被選出來的專門兵，訓練方式和配給的裝備都和一般士兵不同。

正規戰時，以統一的裝備戰鬥。

軍隊和軍隊之間的戰爭重視的是集團整體的戰鬥力。通常是以指揮統率或部隊間的合作這類的關聯性來要求裝備的規格化與統一。

不過……

非正規戰（游擊戰）時，可以允許某種程度上的自由。

游擊戰中期待的是個人的戰鬥能力。因此便宜行事，企圖讓每個人能夠輕鬆地發揮實力。

可容許的「裝備與他人不同」的分界線是……

- 為了在戰爭中獲勝
- 不會對其他士兵造成不好的壞影響

綜合考慮這兩點，再由上層判斷允許的範圍。

小知識

虛構的故事中，為了讓觀眾分辨登場人物，常會故意讓角色穿戴不同的裝備。

No.007

軍綠色(OD色)或卡其色是怎樣的顏色?

陸軍的卡車、野戰服的顏色通常和草木的顏色相近。這是為了配合戰場而使用的色調，但同樣的顏色卻有「軍綠」或「卡其」等不同的名稱。

●茶色般的綠色、偏茶色的黃色

軍綠色（OD色）是「Olive Drab」的簡稱，指的是帶有茶色的暗橄欖綠或偏橄欖綠的褐色。

卡其是「砂塵」的意思，一般指的是偏茶的黃色，現在常用來指稱陸軍的軍服顏色。19世紀中期，駐派在印度的英軍為了讓白色系的夏季制服不會髒得太明顯，因此把軍服染成當地塵土的顏色，這就是「軍服色＝卡其色」的由來。

後來，卡其的意思漸漸從沙塵演變成「軍服的顏色」，顏色的範圍也漸漸擴大，從橙色到深綠色都可以算在卡其色裡。

美軍在1900年代初，把制服的顏色從藍色改成軍綠色。但直到第一次世界大戰為止，軍綠色也被稱為卡其色，色彩的定義很混亂。

軍綠色是把黑與黃或茶與綠的顏料以1：1的比例混合而成。雖然只以少數幾種顏色的油漆調製而成，但相對地，偽裝的效果很好。因此直到越戰為止，美軍的野戰服、**吉普車**、**卡車**等，大多是塗成軍綠色。

第二次世界大戰時，日本軍也使用卡其色的軍服。

但日本使用的色調較為特殊，明治39年時採用的帶赤茶褐色軍服，是朝鮮半島與中國大陸的紅土色，比起歐美的卡其色，在色調上略為偏紅。此外被稱為「國防色」，從大正9年起開始使用的「帶藍茶褐色」是接近黃土的顏色，也和一般的卡其色的色調不同，這點要注意。

所謂的軍隊色

軍綠（OD）色＝Olive Drab的簡稱

在迷彩成為主流之前，都是用黑綠色系的顏色來塗裝軍用車和軍用品。

卡其＝由波斯語中的沙塵（Khak）演變而來

19世紀中期英軍使用的顏色。
從偏紅到偏綠都有，範圍很廣。

兩者都被當作「軍隊色」，混用在一起。

尤其是卡其色……

卡其＝軍服色的用法越來越多。

結果

沙色
枯草色
土色
米黃色

………等等，各式各樣的顏色都被包含在內。

卡其色系之類在自然中不會太顯眼的顏色，有時也會被稱為**「大地色」**。

小知識

陸上自衛隊把軍綠色作為標準色來使用。除了塗裝在吉普車、卡車上外，運輸機或直升機也都是以茶和黑色的組合來做迷彩塗裝。

No.008

迷彩塗裝的訣竅是？

迷彩（Camouflage）是把車輛或飛機塗成和周圍環境相同的色調，或在士兵、槍枝上塗上泥巴、樹葉，以欺瞞敵人的眼睛，使自己不被發現。Camouflage這個字的語源來自法國。

●車輛和飛機的迷彩塗裝

士兵個人的偽裝法是：穿上和四周環境的色調相同、容易與背景融合在一起的衣物，並在臉和脖子等裸露在外的皮膚上塗上綠或茶色的「Dohran（一種演員用油彩）」。

偽裝的基本概念和變色龍的保護色是相同的。也就是在沙漠中使用沙色，在森林中使用茶、綠色，來和背景融為一體。即使用的是只有一種顏色的「單色迷彩」，如果那顏色和戰場所在地的顏色相近，也能有偽裝的效果。

把在地上移動或在空中飛翔的飛機，塗上和當地環境相同的色彩的話，同樣也會有迷彩的效果。例如把在雨林中的飛機塗成綠色，或是在海上的飛機塗成藍、銀色，也都能得到很好的偽裝效果。不過，同樣是綠色，美國的綠（＝植披的顏色）和歐洲的綠，色調不太相同，因此需要隨著地域環境來改變使用的顏色。

相對於單色迷彩，所謂的「變形迷彩」就稍微複雜一點。變形迷彩是以2～4種顏色的塗料來畫出圖案。關於圖案的形狀，有幾點規定：形狀不規則、花紋要跨過物體的邊緣與轉角、下層亮、上層暗。

這種迷彩塗裝的目的是要讓「物品的外形崩壞，使人在遠處看不清楚它的形狀」，所以如果花紋中斷在物品的邊緣，反而會讓形狀更明顯。

還有一點，因為自然物體被光照射時會產生漫反射，造成物體上方變亮，下方因為陰影而顯得更暗的情況。迷彩塗裝則是反其道而行，在底層塗亮色、上層塗暗色，如此一來可以讓物体的形狀不易被辨視出來。

迷彩＝偽裝

迷彩塗裝＝欺騙敵方視覺，讓自己不容易被發現的塗裝

也就是像保護色般的東西，可以讓自己融入周圍的環境中，讓敵人難以發現。

主要應用在地面部隊、飛機或建築物上。

單色迷彩　　變形迷彩

野戰服或個人裝備　　迷彩服或戰車

為了讓變形迷彩發揮效果

- 圖案呈不規則狀。
- 顏色不能中斷在物體的邊緣。
- 最上層是暗色，最下層是亮色。

這是為了讓外形崩壞，使物體不易從遠方被辨認出來！

小知識

迷彩可以使物體的大小、移動速度、前進方向都難以辨識，所以也有不易被敵人擊中的效果。

No.009

迷彩不只有綠色和茶色？

迷彩服與迷彩塗裝用的迷彩，是作為欺敵之用，由綠色、茶色、黑色等顏色組成的圖案。但迷彩的主要作用是「不引人注意」，因此迷彩不一定等於綠色系花紋。

●背景（環境）的種類決定迷彩的數量

在一般人的印象中，所謂的迷彩就是綠色和茶色花紋的圖案，因為這種花紋最常在戰爭電影或新聞照片中見到。但這類的花紋主要是在森林地帶活動時使用的，單就「迷彩」二字來說，各種顏色都有可能被用上，不限於只能使用綠色。

在入冬後就會變成雪之國的歐洲，使用的是「冬季迷彩」，基本配色是白、灰、黑色。防寒靴、**手套**、防止結冰用的步槍袋都會使用這種色調的迷彩。

在中東或非洲等地的沙漠中，會使用由黃、褐等不同色調的沙色組合成的「沙漠迷彩」。第二次世界大戰時，英軍也曾在車輛上塗過偏粉紅色的沙漠迷彩。

這些迷彩的色調和圖案會因預定活動區域的地形和植披而有所不同。例如俄國和日本的冬天相比，樹木生長的情況、葉子的形狀和色調都不一樣，所以同樣是冬季迷彩，在塗裝上也會有相當大的差別。

除了地面上的人員和裝備會使用到迷彩之外，把迷彩應用在其他地方也很有成效。例如飛機的「制空迷彩」，是以機身為中心，把灰色系塗料向邊緣淡化來塗裝，如此一來可以讓機體與天空融合。「洋上迷彩」則是以機身為中心，把藍色系塗料向邊緣淡化，從上空俯視時不容易分辨出機體與海洋的差異。

過去的零戰或格魯曼之類的戰鬥機，會在機體的上半部塗上綠色或藍色，下半部塗上白色或銀色。這也是為了在被敵機從上方發現時，可以隱藏於森林或海洋中；從下方被地面部隊或艦炮狙擊時，可以讓機體融入天空之中而做的迷彩塗裝。

各種迷彩塗裝

迷彩的目的是不引人注意，
因此使用的顏色不限於綠色系。

● 例如……

冬季迷彩 ＝以白或灰色為基調的迷彩。
同時也防止裝備結凍。

沙漠迷彩 ＝由不同色調的沙色（黃或褐色等）組成的迷彩。

這些迷彩會依當地的氣候或植披而改變，所以各軍隊的色彩會因活動區域而有細微的不同。

● 飛機的迷彩塗裝

現代的主流是以機身為中心，把藍或灰色向外緣淡化的塗裝法。

洋上迷彩

難以辨別海洋與飛機，在海戰時很有利！

制空迷彩

難以區別天空與飛機，在空戰時很有利！

小知識

戰艦、巡洋艦等戰鬥船艦都是灰色調，這也是為了在海上航行時不引起注意。從前還會沿著吃水線來改變色調，但效果並不特別突出，加上塗裝費用高，現在已不再使用這種塗裝法。

No.010

軍用文字是用噴漆寫上的？

用來裝補給物資的木箱，或者是裝機槍彈藥的彈藥箱，這些箱子的外殼都會用來說明箱內物品為何的文字。但這些文字看起來不像手寫的，究竟是用什麼寫上去的呢？

●以高效率的方式來寫相同的文字

寫在軍用物資或軍用車輛上的的字母或數字，都是以「模板」這種方法噴塗上去的。

模板是一種塗裝的技法：把刻有文字的型紙覆蓋在對象物上，從型紙的上方噴漆，如此一來就能讓塗料附著在刻出來的空白處而成為文字了。

如果是用筆寫或直接以噴漆來寫字，可能會因為寫出來的文字各不相同，導致看不懂寫了什麼的情況。但如果是用模板噴字的方法，則可以在短時間內簡單地噴製出相同的文字。

基本上型紙是以一個字母為一張，可以隨意排列組合成單字或文章。對必需管理大量物資的軍隊組織來說，要快速了解「物資的箱子裡裝了什麼？」時，高效率的模板噴漆法是很適合的方式。

型紙的種類有如同字面意思的厚紙（油銅紙）或薄塑膠片等等。這些型紙可以稍微扭曲，在噴有弧度的物體時很方便。

另外也有金屬製的型紙，通常是以黃銅製成，這種型紙可以長期使用，不像厚紙在經過一定的使用次數後就必需作廢，換成新的型紙。

噴字的顏色通常是白色，但在寫「注意！」或「危險物品」這類的內容時，會改用黃色或紅色顏料。噴漆時必需從正上方噴塗，否則顏料可能會被噴進型紙和物品間的縫隙中，導致字體模糊。

在刻好的型紙上噴漆

備用品的編號或部隊的簡稱等等……這些軍用文字，通常是以「模板」的方式來噴塗上去。

● 模板的優點

● 可以在短時間內簡單地製作出大量相同的文字。

字型範例

ABCDEFGHIJKLMN

OPQRSTUVWXYZ&’

0123456789..-.

小知識

在噴塗文字前，先上一層銀色或灰色的塗料來打底的話，文字噴上後的發色效果會更好。噴塗時不能只噴一次，要分成2～3次重覆噴上，這是模板噴字的重點。

No.011

不是每個士兵都會佩戴手槍?

士兵的主要武器是射程遠的步槍。現代的主流步槍是有自動射擊功能的突擊步槍，但為了避免彈藥不足或步槍故障的情況，所以士兵的腰間都會佩戴手槍以防萬一……也不全然是這樣。

●手槍在戰場上用處不大

對於在戰場博命的士兵來說，武器越多，生存機率就會越高。一想到可能會有步槍故障或彈藥用盡的情況，會想要多裝配一把手槍是人之常情。但大多數的軍隊通常都不會分配手槍給士兵使用。

這是因為手槍這種槍器「對軍隊來說射程太短」。步兵的主力武器——突擊步槍——的戰鬥距離最短也有400公尺，戰場的互擊都是以這種距離為前提發生的。

但手槍的戰鬥距離比這短非常多，最長也只有50公尺而已。而且手槍不像步槍一樣，有可以提高命中精確度的長槍管與槍托。

因此在極度緊張的槍擊戰中，手槍的有效射程大約是7公尺左右，就算是接受過充分手槍使用訓練的人也不容易命中目標。雖說軍人是領薪水打仗的職業，所以只要讓他們進行手槍的使用訓練就可以解決這個問題。但對軍方高層來說，不想進行威力和射程都不怎麼樣的手槍訓練，是有他們的理由在的。

直白地說，如果有那個時間和金錢，還不如拿去做主要武器——步槍——的訓練還比較實在，這是軍中的主流想法。而且如果有那麼多錢可以發配備用武器給每個士兵使用的話，不如把那些錢拿去培訓其他士兵，增加軍隊人數、讓軍隊規模變大，這樣還比較合情合理。

當士兵因為各種理由而無法使用步槍時，通常會以配給的**刺刀**或是自備的小刀來作為最後的武器戰鬥。不過這種場合很少發生，大多數的士兵會選擇逃走或投降。

士兵和手槍

當然，依戰爭的規模和性質（例如第二次世界大戰般的總體戰，或是伊拉克戰爭那樣的有限戰爭），被派上戰場的士兵訓練程度會不同，手槍的佩戴率也不一樣。並非普通士兵就一定不會佩戴手槍。

小知識

通常處於安全地帶的指揮官，或處於狹窄場所的戰車兵、車輛、飛機的搭乘兵、特種部隊隊員等等，就會佩戴手槍。

No.012

軍人全都要掛狗牌？

狗牌的原型——身分識別證，是從南北戰爭時期起開始被人使用。最早的識別證是硬幣般的圓盤狀，大約在第二次世界大戰時，變成現在這種長橢圓的形狀。

●用來確認戰死者身分的牌子

狗牌是士兵戴在身上的身分識別證，美軍的識別證通常是二枚一組的金屬片。因為掛在脖子上的樣子很像狗的識別證，所以不知不覺被稱為「狗牌」。

狗牌隨年代與軍種，多少有所不同，但都刻有姓名、辨識個人用的數字（士兵識別號碼、社會安全號碼等）、血型、宗教等情報。第二次世界大戰時的狗牌還刻有破傷風的預防接種年、近親的姓名地址等。

二片金屬牌上刻的內容是相同的，佩戴2片相同的牌子是為了在死亡時，同伴可以取走其中一片回去向長官報告戰死的消息。也就是說，當戰場上出現死者時，身上有二片牌子的是未確認的屍體，只有一片的則已經完成了戰死報告。

戰場上的遺體不一定能保持完整，如果身上有金屬牌的話就可以很方便地確認身分。由於狗牌是用來確認戰死者身分的東西，所以士兵在平時不一定非得掛著狗牌不可（規則依軍隊而異）。

美軍的舊式狗牌和自衛隊的識別證都有缺角，這是作為撬開死者的嘴巴之用。此外，識別證不一定都是二枚一組的形式，也有單片的類型。

單片的識別證在中央有切線，可以從中折斷，只取走下半部。上下兩半都刻有同樣的內容，所以和二枚一組的識別證一樣，只要拿走下半部回去報告即可。

狗牌

狗牌（Dog tag）＝識別證的俗稱
真正的名字是「Identification Tag」。

用來識別士兵的個人身分。

● 例：美軍的識別證

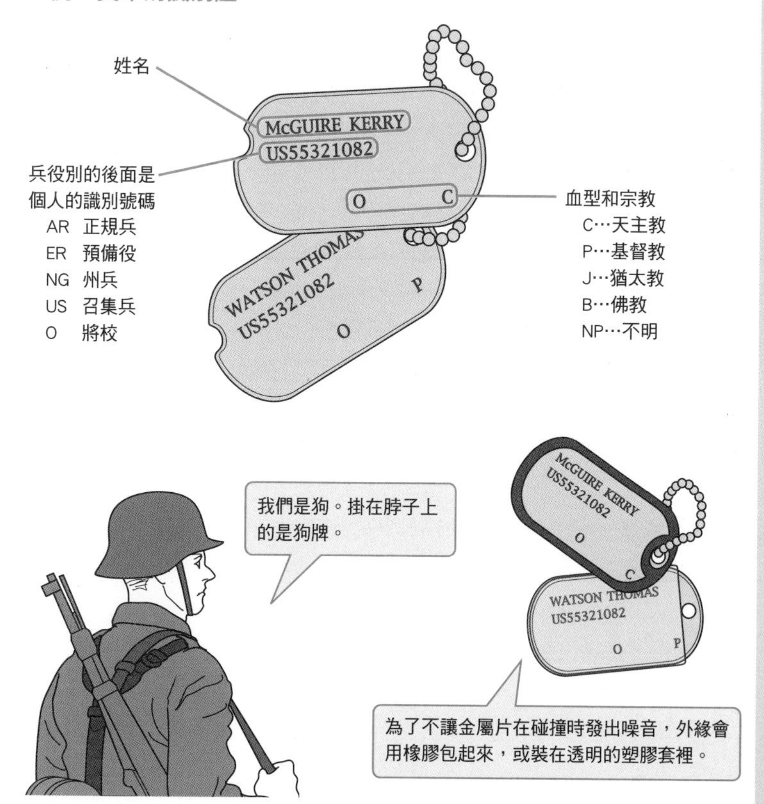

小知識

圓形（硬幣形）的識別證也被稱為「Identity Disk」。第二次世界大戰時的英軍把有切線的圓形識別證綁在手腕上使用。

No.013

重傷的士兵會被打麻藥嗎？

嗎啡是從鴉片中提煉出來的鎮痛劑，可以直接作用於腦部的中樞神經，以緩和疼痛。調整藥量的話，可以應用在從外傷到內臟損傷、癌症末期病患等的止痛用途上，使用範圍相當廣泛。

●以鴉片為原料製成的嗎啡

嗎啡的原料——鴉片，是採取自未成熟的罌粟果實汁液。鴉片是一種有名的麻藥，有強烈的成癮性。麻藥中有所謂的興奮劑，特色是能「消除睡意，提振精神」。和興奮劑效果相反的嗎啡或鴉片的功能則是「被酩酊感、漂浮感包圍，失去做事的意志」。

嗎啡的鎮痛方式是讓痛覺中樞放棄工作，如果使用的藥量過大，不只痛覺中樞，連心臟或呼吸系統也有可能停止工作——也就是麻痺，所以必需注意用量才行。此外，雖然嗎啡的藥效強烈，但充其量只是一種鎮痛劑，就算能止痛，傷勢也不會因此好轉。

在因嗎啡的藥效發作而陷入昏睡時（效果有點像是睡著），若病症發生劇變，自己會無法把情況告訴他人，因此必需在身上做記號，讓第三者知道自己使用了嗎啡。做記號的方式沒有硬性規定，通常是把針頭刺在領子上，或用麥克筆畫上記號。

嗎啡或磺胺劑都是從第二次世界大戰開始使用的鎮痛劑，以裝有針頭的管狀容器「Syrette」來注射。針頭的長度約1.5cm，使用時插在大腿或屁股上，把藥劑從管中擠出。直接注射在血管或肌肉中的話，可能會因為藥物循環過快而引發危險，所以是採取皮下注射的方式，讓藥物慢慢轉移到血液中。

在方便好用的鎮痛劑還沒問世前，通常是以烈酒來作為鎮痛劑。趁著患者因酒醉分不清前後左右（神經變遲鈍）時進行手術或拔牙。但因為酒精會促進血液循環，所以容易失血過多而死亡。

給重傷士兵用的止痛劑

主成分・嗎啡
原料＝鴉片

鴉片是從罌粟果實中採取的麻藥性物質，必需在醫生或衛生兵的指導下遵守用法用量，正確地使用。

和興奮劑的效果相反，是所謂的 **鎮靜劑**

劃開果實後流出的乳狀物質可以製成鴉片，精製後即是嗎啡。

只是止痛藥，沒有治療傷口的效果。

在傷患被移送到後方醫療設施的搬運期間，作為緩和之用。

以「Syrette」為代表的攜帶式注射器來進行皮下注射。

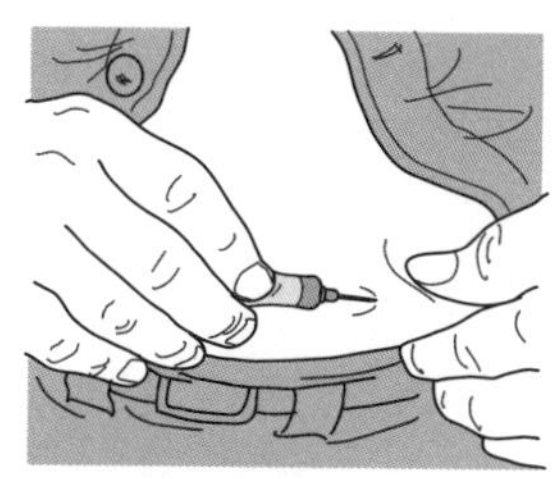

也有以酒來代替止痛劑的作法，但酒精會加速血液循環，有出血時要注意使用。

小知識

海洛因是從嗎啡化學變化而來的物質。作用非常強烈而且容易中毒，因此不被當作醫療用品。

No.014

衛生兵撒在傷口上的白色粉末是什麼？

以過去的戰爭為背景的電影中，有時可以看到衛生兵在同伴的傷口上撒白色粉末的畫面。這種粉末是用來抑止細菌繁殖，被稱為「磺胺劑」的合成抗菌劑，在第二次世界大戰時被美軍大量分配給士兵使用。

●白色粉末的真實身分是抗膿藥

戰場是以命相搏的地方，必需抱有受到各種傷害的覺悟才行。上戰場時士兵們會攜帶醫療包、快速急救包等的急救品，但一般士兵持有的急救包，內容通常只有紗布、ok繃、抗膿藥等急救、包紮用品而已。

第二次世界大戰中分配給士兵使用的代表性抗膿藥是磺胺劑。磺胺劑的組成物質和細菌增殖所需要的「葉酸」很相似。把磺胺劑撒在傷口上的話，細菌會誤以為那是葉酸而達到抑止細菌繁殖、消滅細菌的目的。

通常的處理方式是在傷口撒上磺胺劑後，以繃帶包紮起來。醫療包中的繃帶是已經裁成小片、經過殺菌處理、加有墊片的壓縮繃帶。

這種用來把傷口包住，使傷口接觸不到外面的空氣，防止細菌感染的物品被稱為「包紮材料」，通常是紗布或繃帶，近年來也有像沙隆巴斯般的藥布型或保鮮膜般的膠布型產品問世。

現在的包紮材料的技術越來越進步，其中還有劃時代的纖維蛋白繃帶：把纖維蛋白製成的繃帶貼在傷口，讓細胞活性化，使傷口早點癒合。

纖維蛋白（＝血液中的纖維凝血蛋白）是在整形手術時用來作為組織接合用的生物膠，所以可以把繃帶的包紮效果和纖維蛋白的細胞活性化效果結合，用以加速傷口癒合的速度。

士兵的急救包

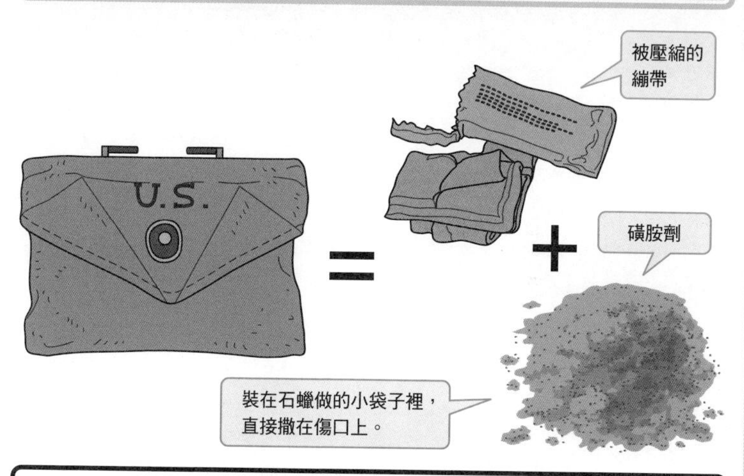

磺胺劑和細菌增殖所需要的「葉酸」很相似。

→混入細菌中，可以抑制細菌的滋長。

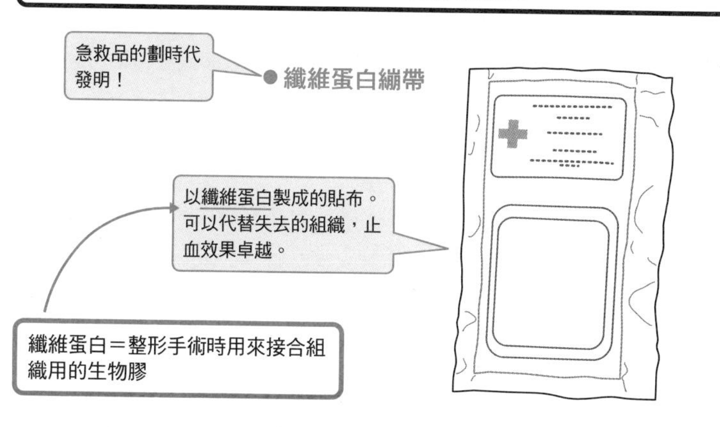

小知識

磺胺劑也可以注射或內服，但在青黴素之類的抗生素出現後，成為舊時代的產品。戰爭電影中，撒在傷口的磺胺劑是就算對水起反應也不會造成皮膚炎的特殊製品。

No.015

裝備的使用說明書上寫的是……？

如果可以不看說明書就能理解機器的操作方法或是作業的竅門，會是多麼幸福的事啊！但如果沒有可靠的前輩來教導使用方法的話，就得和又厚又難懂的說明書奮鬥了。

●寫說明書的事就交給美國人吧

讓人頭昏眼花的龐大字數、難懂的專業術語……說明書讀起來很辛苦，但寫起來也不輕鬆。非寫不可的事項有如山高，但又必需在有限的頁數中讓看說明書的人理解才行。

軍隊的裝備是很保守的，大多是過去產品的改良品。所以只要不是「全新概念的新裝備」，多少會有人知道使用方法，因此可以由前輩直接教導後輩操作方式和注意事項。邊看說明書邊學習如何使用裝備的情況其實不多。

而且寫得不好的說明書容易流於冗長，所以會有人說「當你不懂怎麼用時再去看說明書就好」，形成「反正從頭看過也記不起來」的這種放棄般的態度。的確，可以從頭到尾看懂說明書的，通常是具有相當知識和經驗的人。初學者大多是不懂哪裡不懂的人，所以也不知道想要知道的事項被寫在說明書的哪個部分。

要解決這問題，就必需做出照順序看下去就可以懂的說明書。在這點上做得很徹底的是美軍。如果戰爭爆發，就需要大量的武器，同時也必需培養出大量的技師和維修人員。當戰況不利時，可能得讓這些後方人員上戰場，這樣一來，可以用的人材就會更加不足。

也就是說，從一開始就把超級外行人作為閱讀對象來寫說明書，這樣一來，雖然看完說明書的人無法達到專精的境界，但軍方卻能得到許多具有一定能力的人材。而且技術和訣竅不是口傳而是以書寫來傳承，可以安定地培養出繼承者，不怕因人材枯竭而陷於困境。（但也要看說明書寫得如何就是）

照著說明書做也是有好處的

美軍說明書的特色是……

- 大量運用圖解和插圖，下了許多心思在視覺上，以求簡單易懂。
- 明確地列出「非做不可的事」和「一定不能做的事」。
- 照順序說明內容，所以只要「翻過去」就可以懂。

把這種優質的說明書大量分配給使用者。

**培養出大量雖然不專精，
但可以發揮一定能力的作業員。**

而且花費的時間比培養一個專精的技術人員來得少上許多。

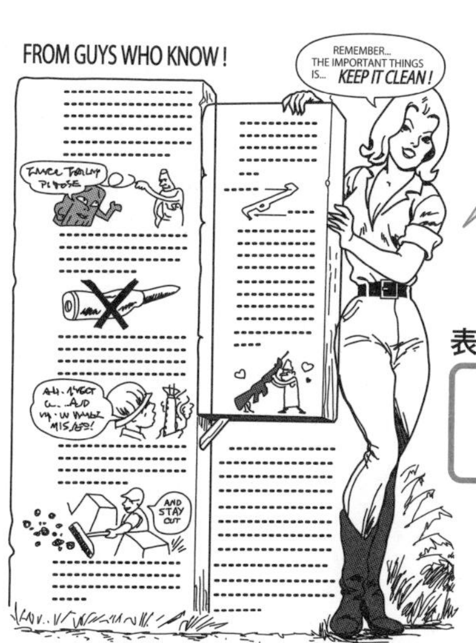

也有藉著讓漫畫人物說話來作解說的說明書。

表現方式是……

「How to strip your baby」
（如何脫光你的寶貝）

特色是口語化、以常見的事物來做替換，並且以大量的笑話及比喻來說明。

小知識

美國人對說明書的執著非比尋常。舉例來說，寫給越南士兵看的M16步槍說明書，還特地把解說用的金髮大姐角色改成黑髮的亞洲人。

軍用品被認為是「剛健質樸」的理由

一般人聽到軍用品時，腦中浮現的大多是「比起外觀，更重視性能」的印象，簡單說就是剛健質樸。軍用品會被如此認為的理由，有很大一部分的原因是在於它們堅固耐用。

那麼，為什麼軍用品都是堅固又耐用呢？這是因為軍隊是為了戰鬥而存在的團體。

戰鬥不論攻守，時機都是很重要的。雖說依戰場上的情況，可能會把所有裝備全部拋棄來追擊敵軍，或是在不得不徹退時放棄裝備。但不能因此而降低裝備的品質和耐用度。應該說，這些軍用品的性能必需被發揮到最大，直到被拋棄為止，所以軍用品必需比民間用品更加堅固耐用才行。

而且，雖然軍隊是為了戰鬥而存在的團體，但不一定等於專業的精英集團。尤其是採用徵兵制，或像美國般有大規模軍隊的國家，在有事的時候可能會來不及教育新兵。如此一來軍方就不能採用只有老兵或專精的技師才用知道如何使用的裝備，而是設計出即使給外行人使用也不會輕易壞掉的產品。

裝備品的研發和採用，會受到許多政治力量的影響。行政、官僚、財政之間會互相角力而形成奇妙的平衡關係。因此軍隊不一定會採用當時品質最好的產品。前線的士兵很難因為使用的東西不是性能最好的裝備就向高層抗議，雖然多少會有不滿，但改變一下運用方法，還是可以將就著使用。

但如果裝備品不夠堅固的話，事情就另當別論了。裝備故障的話，不只無法作戰、執行任務，而且還與使用者的性命息息相關。一旦前線的反對聲音大起來，高層就算想要用權力壓下，也還是有其限度。

裝備品的研發需要時間，因此裝備分配給前線使用時已經成為舊式的情況不少。而且已經決定好的規格要再改變，得話得花上許多金錢與時間。因此研發出來的裝備大多都是不容易出問題、正統派的堅固設計。

戰爭時期不像承平時期一樣可以慢慢研發，所以新裝備的研發速度會比平時快上好幾倍。而且在平時會被否決的具有實驗性、野心較強的裝備也比較容易通過審核。以每次使用前都需要像F1賽車一樣調整的試作型、實驗機所累積下來的資料，製造出不必調整也不需是專家就可以使用的量產型產品。以這個流程創設出生產線後，做出來的新裝備，就是不管讓誰使用都不容易壞的「剛健質樸」的軍用品了。

第二章
制服

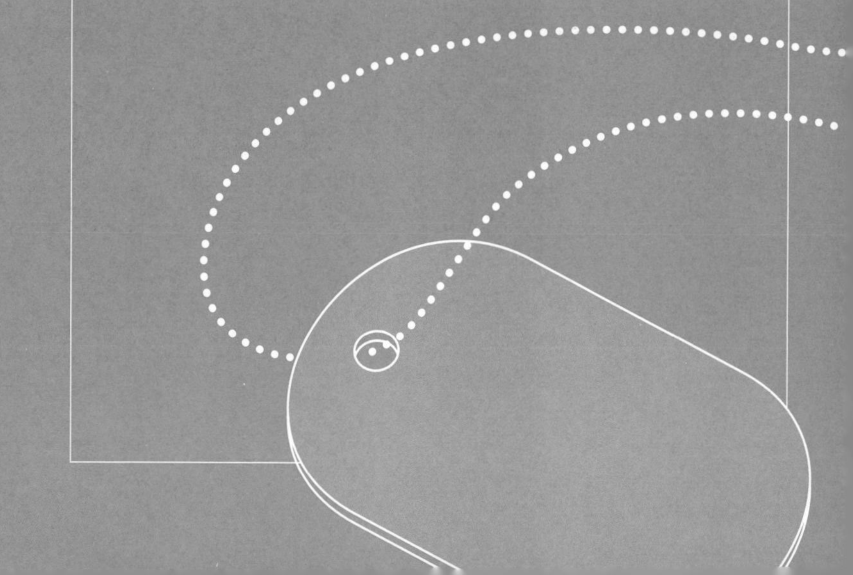

No.016

軍服是什麼？

軍服（Military Uniform）是軍隊的成員——也就是所謂軍人所穿的制服。不管什麼時代，軍服大多是合身的設計，把軍服筆挺地穿在身上，是軍人的規範。

●統一的服裝與統一的行動

軍服——也就是所謂軍隊的制服，和足球、籃球等團體運動選手穿的制服有著同樣的概念。也就是在混亂的戰場上，以服裝來分辨敵我。「和自己穿著同樣服裝的是同伴，除此之外的都是敵人！」只要可以明顯分辨出服裝，就可以避免同伴相殘的情況，而且也能快速發現敵人在哪裡。而且，讓所有人穿著相同的服裝，可以產生同伴意識與一體感，進而提升整個團體的能力。這點和團體運動的選手也是一樣的。

此外，軍服也有「和平民做區隔」的重要意義。在古代，服兵役的權利是少數人的特權。自從國民軍這種「兵役乃為義務」的思想出現後，為了緩和被徵兵的百姓的不滿，大多會給服兵役的人們各種特權。

前線士兵所穿的，染成茶、綠色的野戰服或印成斑紋模樣的**迷彩服**之類的戰鬥服，在制服的意義上也算是一種軍服。但一般來說，會把這些野戰服看成和步槍或**頭盔**差不多的戰鬥裝備，所以和平時穿的制服分開看待的情況也不少。

不管是戰鬥服或是制服，軍服基本上是自費購入的東西。但在步入火炮發達、國民軍誕生的近代後，因為軍隊規模擴大，所以在前線戰鬥的士官或士兵（中士或二等兵等，也就是所謂的低階士兵）的軍服是和裝備一起配給的。

這種類似借貸的軍服，在離開軍隊時必需還給軍方，但依國家不同，因管理鬆散而沒返還的情況也是有的。

所謂軍服

軍服是「Uniform」的一種

單一（Uni）的外形（Form）＝統一的服裝。
某個集團穿來和他人區別身分和所屬團體用的服裝。

和敵人做區別

- 因軍服的造形，可以和別的軍隊做出明確的區隔。
- 可以對敵人造成壓迫感。
- 依軍服的顏色和細節，可以辨認出屬於哪個部隊。

和平民做區別

- 因穿著軍服而使軍人的地位明確化。
- 對平民行使權力時有壓制的效果。
- 可以意識到自己被另眼看待，因而產生軍人的自制感。

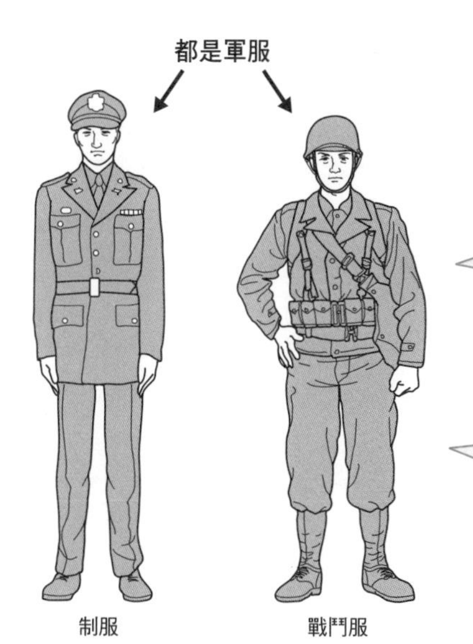

近代軍隊的將校等高層是自費購買制服，低層的士兵則是以借貸的方式配給穿戴。

分配下來的軍服會依軍隊不同，有全新也有中古貨。

小知識

在國際法上，士兵必需穿著軍服戰鬥。不遵守這點的話，無法保證可以行使軍人的權利（被當成俘虜對待），而且可能被視為恐怖分子或犯罪者。

No.017

第二次世界大戰時沒有「戰鬥服」？

平時穿西裝般的制服，前往戰場時改穿軍綠色或卡其色的戰鬥服，這在現代是極為常見的光景，但直到第二次世界大戰為止，採用所謂戰鬥服的國家其實是少數派。

●讓戰鬥服普及化的原因是美、英二國

第二次世界大戰時，把制服和戰鬥服做區分的只有美軍和英軍。其他國家幾乎都是穿著平時的制服，扛起槍桿就前往戰場了。

當時的軍服大多使用紅、藍、黑、金等醒目的原色，功能上也不是為了野戰而設計的。在槍器的性能大幅上升後，在戰場狙擊敵人是很容易的事，顯眼的軍服正好成為完美的活靶。

而且帶有時尚感的制服，在清洗和修補時都得花上許多工夫。在野外打滾、沾滿泥土和塵埃時，如果時間緊迫，也只好放著髒污不管。但穿著污衣的時間一久，就會產生衛生方面的問題。

第二次世界大戰中途參戰的美軍，開始把平時穿的軍服和戰鬥時穿的軍服分開使用。戰鬥用的軍服稱為戰鬥服或野戰服，以堅固、透氣性高的布料來製作。並且設計成方便在野外活動的樣式：有許多口袋可以放入裝備，而且便於拿取。

戰鬥服的顏色原本是以**卡其**或**軍綠色**等自然色的單色服裝為主，後來出現了使用複數顏色，斑紋圖案的服裝。這種以融入四周背景為目標的戰鬥服被稱為迷彩服，是現代的主流。

目前還研發出了可以防止被熱感應型**夜視裝置**發現，以具有遮斷紅外線效果的布料製成的高科技戰鬥服。

戰鬥服（野戰服）

至今為止的軍服都太顯眼

在從前，為了在混亂的戰場中分辨敵我，所以軍服設計得醒目且具有特色

但自從槍器登場後，有在打倒敵人前就被狙擊的危險！

改成不顯眼，戰鬥功能又好的軍服吧

美國和英國採用了戰鬥服

●戰鬥服的特色

戰鬥服（野戰服）的構成裝備、服裝：

- 頭盔
- 外套（上衣）
- 長褲
  ※上衣和長褲是迷彩圖案的話稱為「迷彩服」。
- 靴子
- 手套
- 周邊裝備（以腰帶組的形式攜帶）
  - 彈匣袋
  - 刺刀
  - 水壺
  - 醫療包
  - 防毒面具

※隨著時代前進，腰帶組進化成了「戰術背心」，而且也多了「護甲」這種裝備。

平常穿制服，有事時穿戰鬥服的想法相當具有合理性，因此第二次世界大戰後，每個國家的軍隊都把兩者分開使用。

小知識

戰鬥服因為有偽裝的功能，又因為衛生上的理由，特別受陸軍喜愛。

No.018

野戰外套是制服的代替品？

美軍在第二次世界大戰時採用的外套型戰鬥上衣稱為野戰外套，和褲子「Trousers」上下成套，構成了劃時代的戰鬥服（野戰服）。

●從民間的生產線轉用而來

第一次世界大戰時，出戰的士兵穿的是如同西裝般的軍服。美軍在參加第二次世界大戰時，考慮起是不是能把這部分的服裝經費節省下來。

因此出現了以民間的外套式服裝來取代制服的想法。如此一來可以省下設計和開發新的生產設備的時間和金錢，而且只要提供材料和規格的話，幾乎國內所有的工廠都能生產民間的防風大衣。還有一個好處就是，可以省下教新徵來的士兵如何穿制服的時間這點。

話雖如此，但也不能完全不做修改地把民間的防風大衣轉用到軍隊中。因此領子的部分被改成可以兜攏、可以豎立、可以扣上扣子的形式。除此之外，戰鬥服的設計是「寬鬆」，不以貼身為目的，因此不需像制服一樣，隨士兵的體格來修改制服。這也很適合體格變化較大的新兵穿著。

外套型上衣原本有戰車兵用、傘兵用等各種衍生款式，最後依照前線士兵的聲音，改良了各種問題點，完成了統一的款式。這款通用戰鬥服被稱為「M1943野戰外套」，大幅改良之處有：把袖口和腰部做成可以收束的樣子，以提高閉密性，達到防風的效果、四個大型口袋，可以增加小東西的攜帶量、可以和其他的防寒衣穿在一起、改良布料，不容易擦傷，也方便清洗等等。

為了削減經費，把各部隊穿的上衣統合而成的這款野戰外套，成為戰後各國採用的野戰服的概念與設計基準。

野戰外套

原本的目的是作為制服的替代品，但最後其做為「戰鬥服」的價值受到肯定，成為一般化的服裝。

●野戰外套的特徵

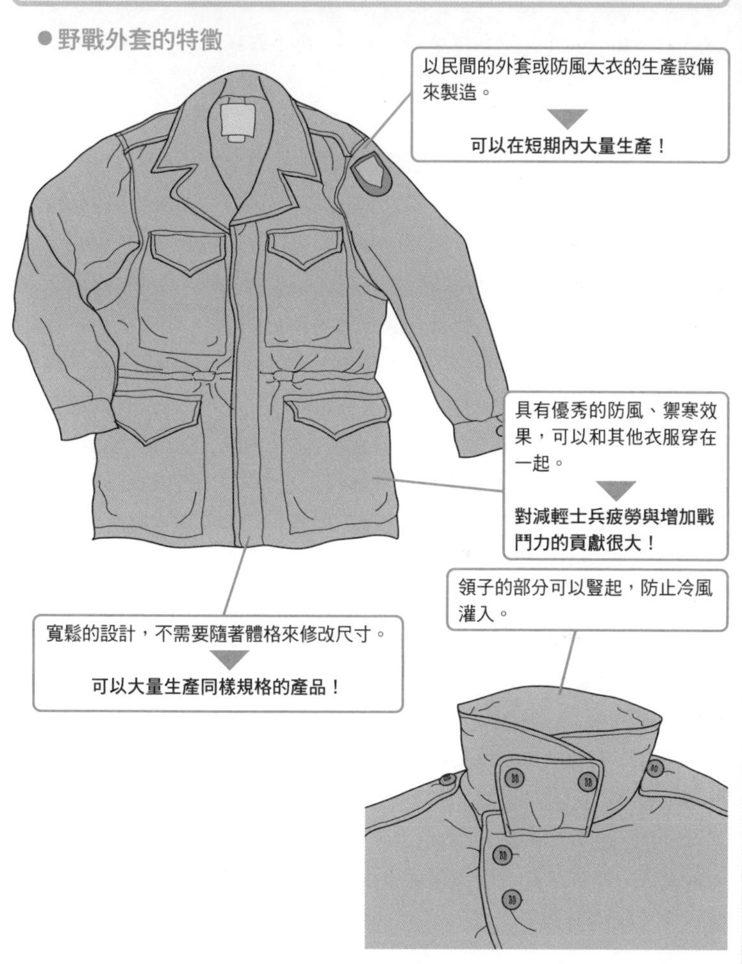

小知識

寬鬆且容易脫下的野戰外套穿起來很方便，因此被廣範採用成戰車兵用的「Tanker Jacket 」或傘兵用的「Parachute Jumper Coat」。

No.019

以前的戰車兵有專用的野戰服嗎？

第二次世界大戰時一口氣成為陸上戰爭主角的戰車這種新武器，曾和周邊裝備一起做過許多錯誤嘗試。戰車兵穿的專用服裝——戰車服也是其中之一。

●制式名是「Winter Combat Jacket」

第二次世界大戰剛開始時，德軍使用的「電擊戰」讓戰車這種武器的地位突如躍起。電擊戰是「以戰車的火力和裝甲來突破敵方前線，發揮機動力，削弱敵軍的指揮系統，麻痺敵人的指揮機能」這樣的戰術。簡而言之就是以戰車為中心的機動部隊。

受到電擊戰成功的影響，美國也急速地研發戰車和相關產品。其中一項是給戰車兵穿的冬季野戰服，通稱Winter Combat Jacket的服裝。

戰車是經常需要整備的武器，在歐洲的極冷地區，搭乘者必需到車外進行整備工作，因此自然追求起禦寒性高、但在狹窄的戰車內部又可以不會妨礙行動、而且在被敵方炮火打中導致車內起火時，可以快速地從狹窄的車蓋中鑽出的衣物。

美軍的戰車在搭乘戰車時是穿著名為Tankers（外套＆連身褲）的服裝，並戴著專用的頭盔。

戰車兵用的頭盔上有許多通氣用的小洞，耳部設有可以插入車內通話用對講機的插口。因為在車輛前進時必需時常探頭到車外確認前進路線，所以保護眼睛不受風沙影響的**風鏡**也是必備品。

戰車服（Tanker Jacket）雖然很受戰車兵的歡迎，但沒多久後，和步兵共用的改良型**野戰外套**就大量發配下來，生產方式較複雜的戰車服因此消失。這可能和當時美軍的立場是「挽回劣勢」；或比起質，以量為優先的傾向有關。

戰車服

制式名是「Winter Combat Jacket」。是搭乘戰車時穿的防寒服。

● 外套

● 連身褲　● 頭盔

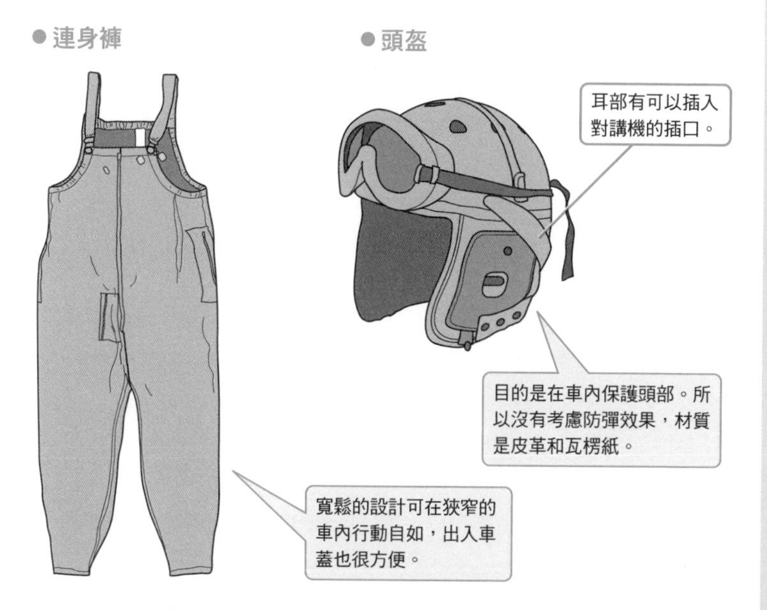

小知識

夏天或在沙漠地帶中，車內的溫度會急速升高。現在有為了戰車兵而研發出的，在胸口、頭部和背後有強制冷卻效果的特殊背心之類的裝備。

No.020

「BDU」和「ACU」是什麼裝備？

被稱為BDU或ACU的裝備，是美軍使用的戰鬥服，也就是被稱為迷彩服的服裝。因為時代不同，款式和細節也不一樣，但「好穿」都是設計時的優先事項。

●美軍使用的迷彩服

BDU是美軍在1980年代左右開始使用的戰鬥服。有以綠色為基調的單色、以綠色為基調，加入黑或茶色混合而成，對應森林或草原的「森林地帶（Woodland）」、對應沙漠地帶的「沙漠圖案（Desert Pattern）」……等等，圖案依使用地區的自然環境及植披不同，有各種模樣。（為了特別區分沙漠地帶用的BDU，有時會稱之為「Desert BDU（D－BDU）」）

BDU迷彩的特色是能融入背景，不容易被發現的圖案。因此，就算同樣是森林地帶圖案的BDU，色調和花樣也不是固定的，會依採用國家及地域而有不同的變化。

ACU是2004年時成為美軍制式的新式戰鬥服。基本色調改成灰色，圖案的設計概念從難以被發現，轉變成「就算被看見，也難以留下印象」。

以綠色為基調的BDU，基本上是適合在森林或平原等地區用的野戰用戰鬥服。ACU則是設計成森林、沙漠、夜晚、雪地、都市等所有的環境全都可以對應的服裝。不過話雖如此，以灰色為基調的迷彩，最能發揮其價值的還是市街的巷戰，在野外的話，還是BDU的迷彩效果略勝一籌。

不管是BDU或ACU，都是以「要怎麼做才能好穿好用」為前提來設計的。口袋的位置或拉鍊（黏扣帶）的規格等也都隨著時代進行改良。例如BDU是鈕扣式設計，新登場的ACU則改良成以黏扣帶為主。

BDU和ACU

BDU = Battle Dress Uniform
1980年代開始使用的美軍迷彩服

ACU = Army Combat Uniform
2004年起制式化的美軍新型迷彩服

● BDU

像保護色一樣，可以融入背景中，不易被發現。

基本色調是綠色

依預定使用的地域來設計圖案，因此種類眾多。

● ACU

雖然會被發現，但不容易留下印象。

基本色調是灰色

設計上可以平均地對應各種地形，但對巷戰特別強。

這些服裝所追求的都是好穿好用。要如何設計才能好穿好用，會依當時前線士兵的想法而改變，因此會不斷改良，變更設計。

小知識

ACU的設計前提是穿著戰術背心戰鬥，因此和過去的戰鬥服比起來，身上的口袋數目較少（因為會被背心擋住），但相對地在腕部新設置了收納用口袋的區域。

No.021

野戰服的布料材質是什麼？

野戰服的要求是耐穿。因此使用的必需是即使在山中奔跑或是在樹叢中摔倒，不管再怎麼粗暴使用都不會破裂的材質，而且大前提是容易行動。

●化學纖維的登場

戰鬥服的首要事項是堅固。但因為戰鬥服不管怎樣都還是穿在身上的衣服，所以心理層面上希望這些衣物能夠穿起來舒服的想法也不能無視。

在高溫多濕的地方，戰鬥服必需有把汗水與濕氣快速吸收排出的功能；在寒冷地區則不能讓體溫（熱度）散失。戰鬥服的布料必需滿足這些條件，所以嘗試過許多材質。

早期的野戰服使用的布料以棉為主，棉製品在空氣中會變柔軟，吸水、吸濕性也高。

棉質產品的強度要夠的話重量會變重，因此現在改用棉／尼龍混紡的材質。兩種材質各50％混合而成的布料，可以達到耐用度高，穿起來也舒適的要求。

為了能夠行動方便，戰鬥服也使用聚氨酯纖維之類可以拉長的材質。這類纖維被稱為伸縮性材質，用在運動較激烈的部分。

在熱帶穿的戰鬥服，會使用棉與人造絲等容易吸收濕氣與水分的纖維，或是利用毛細現象的吸濕、吸汗材質來製作，以免衣服黏在身上。

把纖維加工成中空或是十字形，讓空氣可以進入纖維的空隙中，形成薄薄的空氣層的材料是隔熱保溫材質。這種材質對衣服的保暖效果很有貢獻，被使用在寒帶用戰鬥服、在高空飛行的飛機乘員的飛行服上。

這些材質會被單一或複合使用，為了防止戰鬥服在拉扯時全部散開，因此是以一種稱為「Ripstop」的方法來加工縫製。

戰鬥服的布料

戰鬥服的材質所要求的是…
- 堅固耐穿
- 舒適

因此嘗試過各種布料

	材質	說明
早期是…	棉布	吸水、吸濕性高。
現在的主流！	棉／尼龍混紡	把棉和尼龍混合，增加布料的強度。
局部是！	伸縮性材質（聚氨酯纖維等）	用在動作激烈的部位，穿起來舒適。
在熱帶！	吸濕、吸汗性材質（棉、人造絲等）	可以吸收濕氣和水分，保持舒爽。
禦寒用！	隔熱保溫材質	在纖維間製造空氣層，可以防止暖氣散失。

把這些材質單一或複數使用在一起。

目前仍嘗試以各種新材質來製作戰鬥服。

小知識

最新的戰鬥服的材質是可以防止紅外線感應裝置起反應的新素材，但使用上不是很方便，而且性能也無法完全發揮。

No.022

最新的迷彩服是馬賽克圖案？

所謂的迷彩服，是為了在戰場上讓敵方難以發現，印製成草木圖案的野戰服。是步兵的戰鬥從劍與手槍的交鋒，變成以步槍進行槍擊戰後，各國的軍隊研發出來的產物。

●分散視覺焦點的數位迷彩

過去的軍人、士兵是以「顯眼」來給予對方精神壓力，以取得戰鬥優勢。但在火器的性能提高，戰鬥方式變成遠距離作戰後，顯眼也就等於容易成為敵人狙擊的目標，和死亡列車的單程票同義。

戰鬥用制服，也就是野戰服，就是因為考慮到偽裝的問題，所以顏色低調，以**軍綠**或**卡其色**為主流。這種偽裝想法的進化版就是迷彩服。

綠色或茶色的迷彩圖案的成立，是在第二次世界大戰到越戰間的事。士兵穿著迷彩服，隱身於草木之中時，迷彩可以妨礙敵人得到認識士兵的身體所需的外形與顏色（陰影）等情報。各國一直在嘗試製作各種圖案和色調的迷彩，在這過程中許多種類的迷彩誕生又消失，現在則出現了以電腦製作的迷彩。

其中最新、最受矚目的是被稱為像素迷彩或數位迷彩的迷彩樣式。這種迷彩是一種和過去的斑紋、斑點狀迷彩，不論在外觀或概念上都是完全不同的劃時代迷彩，特色是馬賽克般的圖案。

這種馬賽克圖案會依觀看角度而呈「有點綠色」或「有點茶色」，以達成融入周圍背景的效果。（嚴格來說不是融入背景，而是把對象物和背景間的界線模糊化，使觀看的一方難以辨識）。而且馬賽克能夠做出水平、垂直方向的層次，可以更加地提高模糊的效果。

同化、同化（到背景裡）了喔！

士兵的軍服……

- 早期是以顯眼的顏色和與造形來作為敵我雙方的識別用途。
- 後來為了不被狙擊，改用不顯眼的色彩。
- 接著使用和背景難以區別的迷彩。

然後……

數位迷彩登場了！

以電腦來製作圖案，用像素（方眼）的排列來製作層次感。

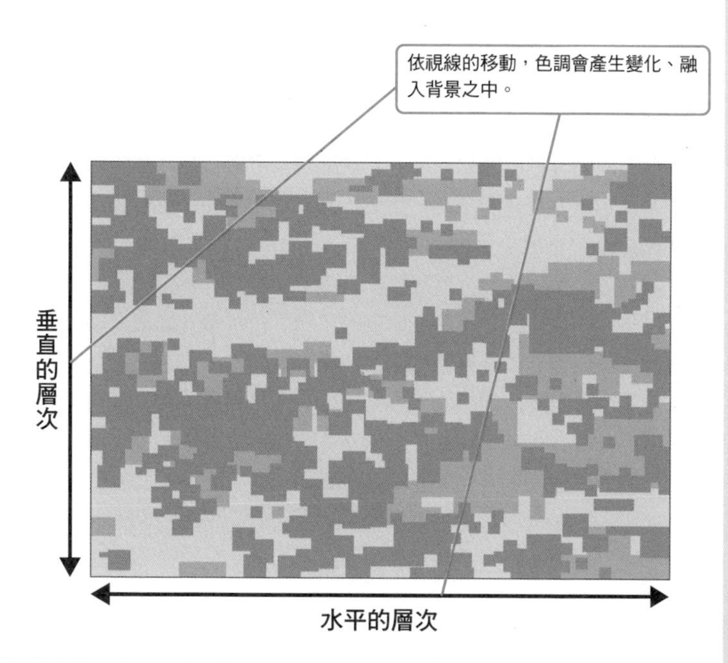

小知識

數位迷彩因為效果很好，所以普及得很快，除了迷彩服外，也被應用在帽子或手套、個人用的帳篷上面。

No.023

迷彩服的圖案有多少種類呢？

迷彩的圖案（Pattern）會依戰鬥場所而改變。各國家與軍隊而想出了如「森林地帶」、「虎紋迷彩」等許多種類，記起來很辛苦。

●依圖案分類

迷彩的圖案稱為「Pattern」，各國迷彩服的款式和材質都不盡相同，但大致上是以迷彩的圖案來做區分。

有名而且主要的迷彩圖案被稱為森林地帶，以綠、茶、黑為基本色。美軍的「**BDU**」或是英軍的「DPM」圖案都是屬於這個系列，現在仍然在不斷改良使用中。

德軍或日本自衛隊使用的是稱為「斑點迷彩」的迷彩圖案。德國是以茶、黑、灰、黃等顏色，日本則是以綠、茶、黑、**卡其**色為主。自衛隊在採用這種迷彩前，使用的是「葉紋迷彩」（以灰色為基調，搭配綠、茶色），為了方便分別兩者，葉紋迷彩也被稱為舊式迷彩。

現在已經不再被使用，但很有知名度的迷彩圖案有美國的「獵鴨迷彩」和「虎紋迷彩」。前者是第二次世界大戰時海軍陸戰隊使用的圖案，以獵鴨時使用的迷彩為基底做成。後者是越戰時期進行游擊戰的特種部隊以及親美派的南越軍使用的老虎花紋圖案。

其他還有德軍曾使用過的「分裂迷彩」，是直角的花紋，被認為像碎片，有的分裂迷彩還會在加上雨滴般的圖樣。另外像非洲南部的羅德西亞（現在的辛巴威）在舊體制時期傭兵所穿的、在國家體制改變後仍然延續使用的「傭兵迷彩」——「羅德西亞迷彩」也很有名。

迷彩服的花紋

各國的迷彩服可以依圖案（Pattern）做出某種程度的辨識。

●著名的有……

森林地帶迷彩▼

BDU迷彩

DPM迷彩

森林系迷彩。對應歐洲植披的花紋。

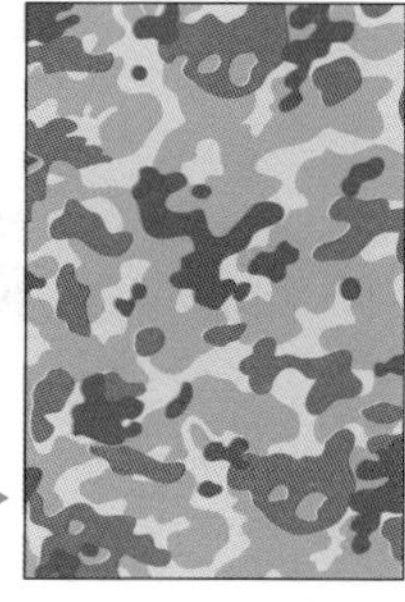

斑點迷彩▶
（陸上自衛隊迷彩）

●過去有這些迷彩

獵鴨迷彩▶
（美國）

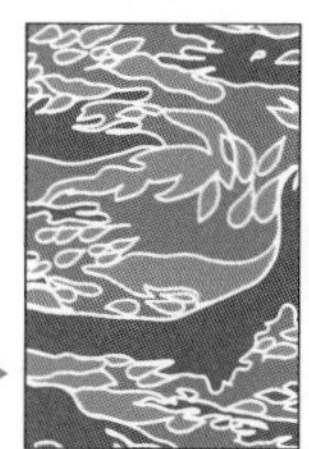

虎紋迷彩▶
（美國）

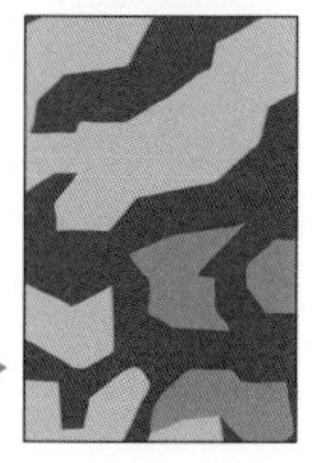

分裂迷彩▶
（德國）

羅德西亞迷彩▶
（傭兵迷彩）

小知識

停用的迷彩也有復活的例子。比如美國空軍的野戰服「ABU（Airman Battle Uniform）」就是虎紋模樣的迷彩。

No.024

配戴階級章的位置是固定的嗎？

軍隊或類似的組織——尤其是以武力來達成目的的組織，內部大多有嚴格的順序之分。尤其是軍隊，因為階級不同，長官的命令是絕對的。

●階級章可以簡單地從衣服上取起

就算是民間團體，如果是大企業的等級，即使身在同一個組織中，也常有不知道彼此的長相或姓名的情況。在這種時候，如果可以很明確地排出順序並知道誰適合做領導的話，就可以減少無意義的磨擦。

在軍隊中，順序＝階級，位階從高至低是將→校→尉→士→兵，其中還可細分為「上、中、下」、「一等、二等、三等」的位階。具體的例子有「上校、中校、少校」、「上尉、中尉、少尉」、「一等兵、二等兵、三等兵」等等，但士官的部分比叫特殊，是分為「軍士長、中士、下士」，另外也有冠上「上級」、「特務」、「先任」等的稱呼。

階級章的功能是讓配戴者的所屬階級可以馬上被辨認出來，但它的形狀與材質會依組織而異，也會依時代而有相當大的不同。此外，平時穿的制服和戰鬥時穿的野戰服（**迷彩服**）的階級章的尺寸、設計、材質完全不同的情況也很多

階級章通常是徽章或布貼等形式，被縫或別在衣服的領子、肩膀、袖口等醒目的地方（依配戴位置，會被稱為領章、肩章、袖章等等）。一般士兵的階級張是由軍方配給，高級軍官則是自費購買。

電影或動畫中，有時會有主角和同伴們邊說「我們不幹了！」邊把階級章撕下來的場面。由於從前的階級章是以和衣服相同色調的線牢牢縫住的，撕下來的階級章無法再次縫回衣服上，因此這樣的舉動是「做好無法回頭的覺悟」的表現。但最近的階級章大部分改成以黏扣帶貼上，可以簡單撕下，所以這種描寫已不再具有過去的含意了。

軍人的階級

階級章

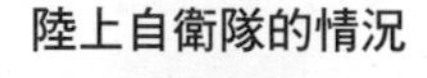

一般而言，階級上升後，線和星星的數量都會增加。

二等陸士（相當於二等兵） 一等陸士（相當於一等兵） 陸士長（相當於上等兵）

※上述只是一個例子，依時代和國家不同，也有階級上升時不改變形狀，只改變顏色的階級章。

●階級章的位置

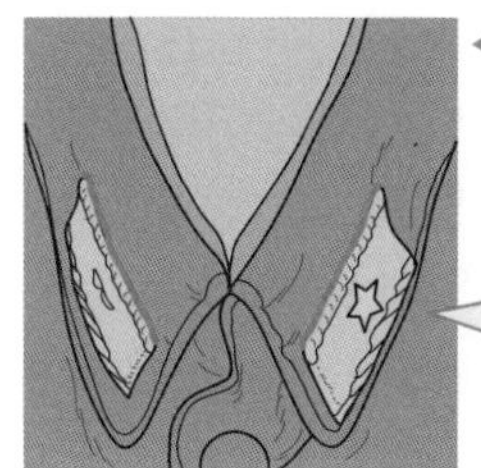

◀領章

縫在衣領部分的階級章。主要是士官使用。

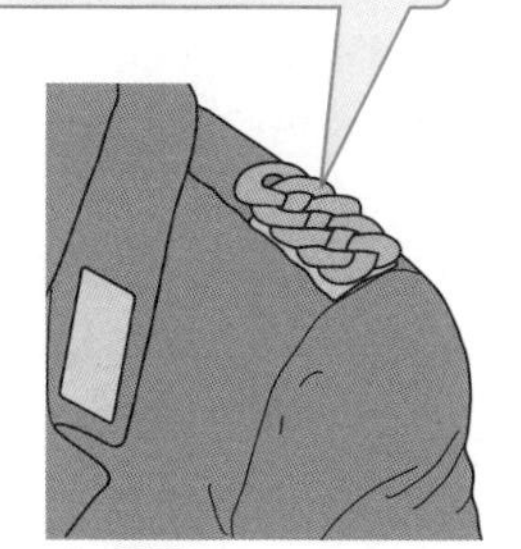

▲肩章

別在肩部的階級章。但外套肩部可以掛東西的肩帶（Shoulder Strap）部分也被稱為肩章，要注意不能搞混。

▼袖章

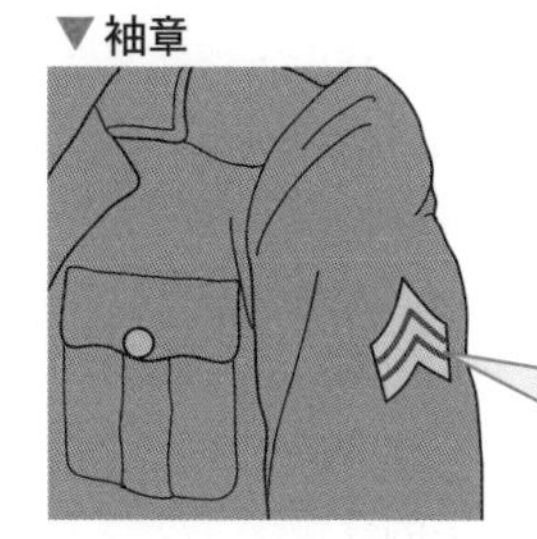

縫在衣服的上臂或袖口的部分。士兵的階級章大多別在這個部位，但也有在這裡佩戴部隊章的情況。另外軍官的制服是把「帶子」別在袖子上。

小知識

迷彩服為了提高偽裝效果，避免被敵軍狙擊（狙擊兵會以階級高的人為狙擊對象），所以有時會把階級章之類的東西拿下。

No.025

軍服的肩上掛著的繩子是什麼？

直到第二次世界大戰為止——尤其是軍人的正裝和禮服，肩膀和胸部之間都會掛有繩子般的東西。那些感覺起來會在戰場上會造成妨礙的繩子究竟是什麼呢？

●飾繩＝副官的證明

軍服的肩上垂掛的繩子名為「飾繩（Aiguillette）」，主要是被稱為副官的軍人所佩戴的東西。

副官並不是副司令官或副指揮官，而是在旁輔佐領導者指揮作戰或擬定作戰計畫，進行各種調整，像是秘書般地位的軍人。第二次世界大戰時，日軍所謂的參謀也是一樣的職位，當時日軍並把這種繩飾稱為「參謀飾繩」或「參謀肩章」。

飾繩的外觀有點像粗毛線，一般印象中的顏色通常是金色，但也有白色的飾繩；此外日軍在前線使用的飾繩是綠色，第二次世界大戰時的德軍，則是掛著稱為「副官飾繩」的銀色繩子。

從實用方面來看的話，現代的飾繩只是單純的裝飾品。但在從前，飾繩是在野戰時用來掛筆記用品的裝備。據說在拿破崙時代，繩子前端會掛有鋼筆或鉛筆，用來寫下偵查情況等等。現在的飾繩前端會有被稱為「石筆（Pencil）」的物體，就是舊時留下的痕跡。

雖然副官和參謀平常會掛著飾繩，但並不等於其他職位的人就不能佩戴。例如校官和尉官，或是階級較低的士官等在典禮、遊行、到新工作地赴任時穿的禮服上掛有規定的飾繩的話，是不會被追究的。

因為現代的軍隊把平時的制服和戰鬥時的衣服完全分開，因此掛著金、銀色的制服已經沒有在前線出場的機會。

大官身上掛的金色繩飾

「飾繩（aiguillette）」是……
主要是副官掛在身上的用具，
據說是拿破崙時期的野戰筆記用具。

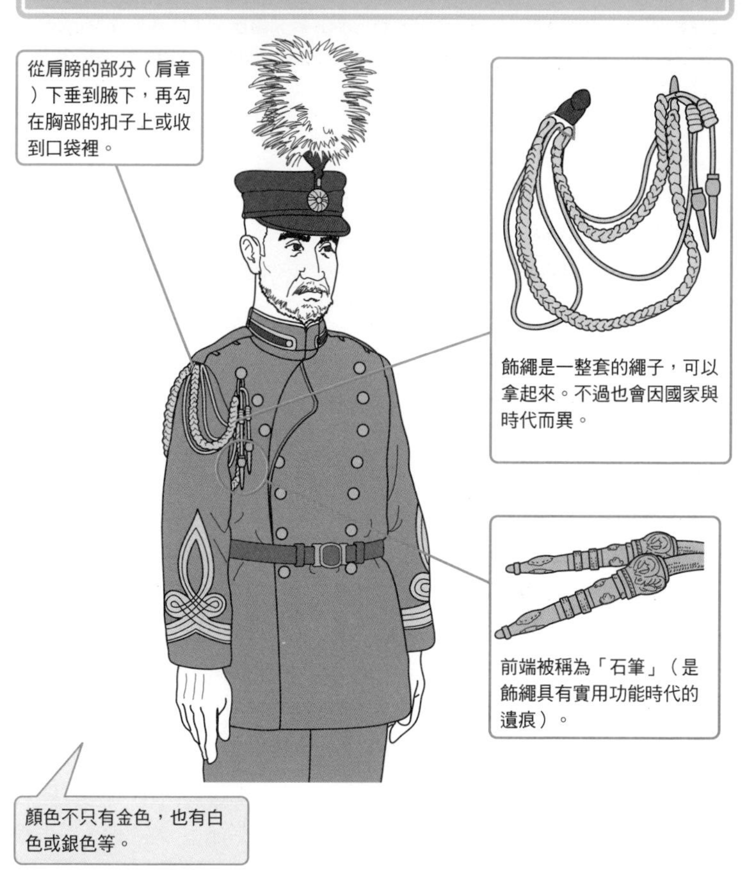

飾繩不是副官（參謀）的專用裝備，一定地位以上的軍人都可以依規則佩戴。

小知識

把時代再上溯的話，還有飾繩是「牽指揮官的馬用的韁繩」的說法。

No.026

如何才能得到勳章？

在軍服的胸口佩戴著鏗鏘有聲的金屬勳章，對軍人來說很是很光榮又很得意的事。勳章的樣式和大小不一，但共通點是：佩戴者都是「對所屬的組織有些特殊貢獻」的人。

●依上層人物的想法而決定是否授予

授予軍人的勳章（Order）通常是做了某些了不起的事的人所得到的獎賞。一般來說，大家都能接受的理由有：指揮部隊，給予敵人莫大的損傷，或是在困境中拯救了我方同伴的英雄行為之類的事跡。這類「了不起」的事跡的定義範圍，其實很廣。

授予勳章，可以提升被授予者的努力動機，也和政治宣傳有很大的關聯，因此勳章的授予典禮都會被大幅報導。獲得勳章的事跡被加以渲染誇飾，是很平常的事。

依情況不同，除了同一陣線的國家外，也有頒授勳章給敵國將領的例子。以稱讚對手的方式來對國內外的人們顯示本國軍方的寬宏大量與平等精神。

第二次世界大戰末期，德國為了提升士氣，授予勳章的標準變得很寬鬆，數年前還不到頒發標準的事跡，也可以得到勳章。

這是戰敗前夕的國家常有的事，佩戴勳章的軍人變多的話，可以為我方人民帶來「我國戰功彪炳（＝打倒大量敵人）的軍人相當多，所以不會戰敗。」的想法。

同樣是勳章，也有像美國的「紫心勳章」這類頒發給在戰鬥中受傷或死亡的士兵的勳章。這是可以誇耀「士兵奮戰不已以致於受傷」的勳章，作用在於精神方面的補償。

動章的價值

戴有很多動章的人是如外表般了不起嗎……

授予動章的理由

理由① ：提高本人的努力動機

稱讚有能力的人，讓他發揮出更高的實力。

理由② ：提高周圍的努力動機

努力的話就能得到讚賞，可以藉此挖掘出有能力的人，也可以讓沒有特別能力的一般人更努力。

戰爭時大量發出的動章主要是因為②的理由

大規模地宣傳，並且以此誇示（威脅）敵對國家。

美軍授予受傷士兵的紫心動章。有提高士兵戰鬥動機與保障受傷者的雙重意義。

小知識

紫心動章也會頒發給戰死者，這種情況下是由士兵的家屬代為領取。

No.027

扣式的衣服已經是舊式了？

在過去，制服或戰鬥服都是以鈕扣來扣上。扣式的衣服成本低又方便穿脫，但現在，改用更加方便，可以微調尺寸的黏扣帶（Velcro）的黏式衣服增加了。

●從鈕扣到黏扣帶

把衣服固定在身上的方法，從以繩帶繫住，進化到以鈕扣扣住。扣式的服裝比起繩綁，可以迅速地穿脫，因此一直是軍服使用的方式。

第二次世界大戰後，各國的軍隊模仿美軍和英軍，導入了戰鬥服。可以簡單穿脫的鈕扣也被使用在戰鬥服的袖口和口袋蓋上。

以線縫上的鈕扣需要在衣服上做出扣洞，而且也有容易掉落的問題。雖然軍方會發配針線包給士兵使用，但重新縫上鈕扣還是需要花上一些時間。因此誕生了不須要把扣子穿到扣洞裡的四合扣。

胸前或褲子上方的部分，也從扣式改成拉鍊式。只要一拉就可以穿上的拉鍊比鈕扣方便許多，但如果鍊齒壞掉的話很難自己修好，這是拉鍊的缺點。

現在的戰鬥服大多是以「黏扣帶」來黏合的方式。黏扣帶是好貼、易撕的帶狀布。以具有彈性的鉤狀化學纖維和環狀的化學纖維貼合在一起的方式來作固定，和蒼耳（別名羊帶來）沾黏在毛衣上是一樣的道理。

黏扣帶的優點是可以調整疊合部分的大小，不像鈕扣只能扣在固定的位置，拉鍊也無法做出這種細微的調整。黏扣帶兼具拉鍊的快速與鈕扣的牢靠，而且可以隨意調整尺寸，因此比上述兩種方式都來得方便。

要把衣服固定在身上的話

以前常用的是繩帶或鈕扣……

- 口袋上方的袋蓋不扣上的話，容易被樹叢的小樹枝勾住。
  ➡扣上袋蓋須要時間。
- 繩帶容易斷掉，扣子容易鬆掉。
  ➡這時必需修理。

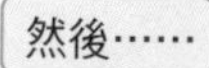

小知識

Velcro是商標名。一般的稱呼法有黏扣帶、魔鬼氈、魔術貼……等等。

No.028

戰鬥用腰帶為什麼很寬？

士兵繫在戰鬥服上的腰帶，都被設計得很寬大。被稱為「彈帶」或「手槍腰帶」的這種腰帶，是用來配戴步槍的備用彈匣或槍套等裝備用的配件。

●把許多裝備確實地佩戴在腰上

手槍腰帶顧名思意，是用來佩掛手槍用的腰帶，日語也叫它「彈帶」，因為可以把步槍等槍器的備用彈匣袋等物品掛在上面。

手槍和備用彈藥都有相當的重量，如果腰帶太細，在掛上或拿取時可能會導致腰帶翻轉而不好做事。因此這類的腰帶都會做得比一般的腰帶寬大。雖然腰帶太寬會無法穿入褲子的腰帶孔裡，但這並不是什麼大問題。應該說，像西部電影的槍帶那樣，把裝備好道具的腰帶套在衣服外面的形式才是合理的做法。

也就是說，應該從一開始就把**彈匣袋**、**水壺**、**刺刀**、**醫療包**等戰鬥必需品準備在腰帶上，需要出動時直接把整組裝備套在褲子或衣服上。

為了節省穿脫手槍腰帶的時間，腰帶扣的部分是一押即開的形式。早期使用的是金屬製的鉤型扣環，現在主要是用樹脂製的插扣。

滿載裝備的手槍腰帶有相當的重量，如果直接掛在身上，不綁緊的話很容易掉落，但綁太緊又會因不舒服而影響戰鬥。因此出現了類似支撐褲子的吊帶般的裝備，如此一來，腰帶的重量可以由肩膀支撐，不需把腰部綁緊。這種形態的裝備叫做「腰帶組」。

手槍腰帶常有垂直的三個雞眼，中間的雞眼是用來調整腰帶鬆緊，上下兩個雞眼則是用來固定吊帶或彈匣袋。

手槍腰帶和腰帶組

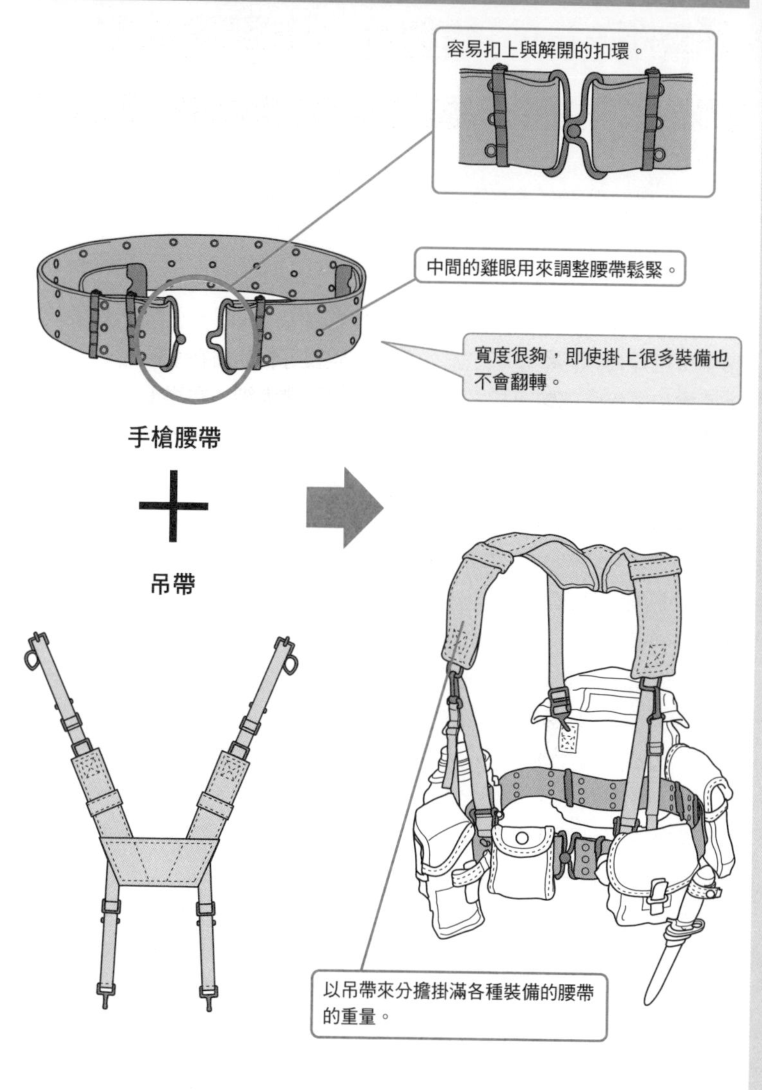

小知識

附有吊帶，和手槍腰帶成套的腰帶組，在日本也被稱為「戰鬥裝備組」。

No.029

「Burberry的風衣」是軍用外套？

象徵時尚的「風衣（Trench Coat）」起源自軍用外套。時為第一次世界大戰，因為戰鬥都是發生在在泥濘的塹壕（Trench）中，所以防水又耐穿的外套成為必備品。

●塹壕戰用的防水外套

塹壕是從地表向下挖掘的深溝。敵我雙方的士兵隱藏在深溝中互相攻擊的戰鬥方式稱為塹壕戰。第一次世界大戰主要戰場在塹壕之中，又以鐵絲網和機槍來防禦攻擊，因此戰爭自然而然成為長期抗戰，士兵處在塹壕中的時間也不得不增加。

英軍為了對抗主戰場——歐洲大陸的寒冷氣候，製造出了可以保護士兵不被寒冷與潮濕侵襲的外套。這種外套被應用在塹壕戰中，被稱為「Trench Coat」而聞名，在戰後變成一般的流行服飾。

風衣的前身是波爾戰爭中使用的「Tielocken Coat（一種無扣式外套）」。Tielocken是「用帶子綁起」的意思。這種外套被服裝生產商Burberry裝上了可以垂掛裝備品的D環，並在袖口加上了可以防止冷風灌入的束帶，改良成為Trench Coat（風衣）。

風衣基本上是穿在軍服外面的服裝，因此胸口和袖子的尺寸都較大。袖口的束帶是為了防止風灌入，領口也設計有叫做「Chin Warmer」的防風面罩。腰間雖然縫有口袋蓋，但蓋布下沒有口袋，只有一個開口，用途是讓手伸入風衣下層的軍服口袋。

風衣的元祖眾說紛云，不過「Burberry做出來的是叫做『華達呢』的防水斜織技術，創造出防水布料的Aquascutum這個廠商所製造的防水外套，才是風衣的真正始祖」是有名的軼話。不管如何，這兩間服裝公司都為風衣的誕生奠定基礎，是不爭的事實。

和現代連結的多功能外套

風衣（Trench coat）是…
大衣（overcoat，冬季用外套）以及
雨衣（raincoat）的其中一種。

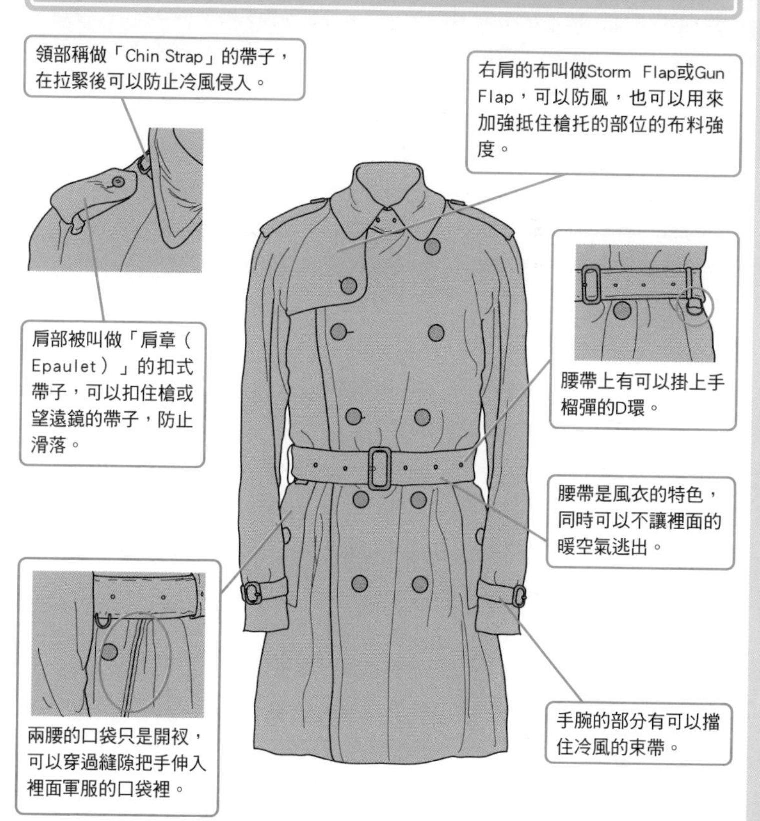

風衣的原形是在1900年左右被設計出來，因為第一次世界大戰而普及成為一般服裝。

小知識

傳統的風衣布料是華達呢或羊毛等素材，但現在也有以合成纖維或皮革製造的產品。

No.030

防寒服有哪些種類？

士兵無法選擇在哪裡戰鬥，激烈的戰場可能發生在極為寒冷的地區，或是在開戰前寒冬就已經來臨。因此士兵不只穿著防寒服，也會把一般的衣服套在一起，來強化禦寒的效果。

●以中間可以夾帶空氣的衣物為佳

提到天冷時穿來禦寒的衣物，大部分的人馬上會想到的是「外套」。直到第二次世界大戰初期為止，大部分的軍隊都不使用專門的戰鬥服，因此外套分成平時套在制服外面的普通外套以及戰鬥時穿的野戰用防寒外套等種類。

但在野外戰鬥時，如果外套的厚布料吸到水和泥巴，會變得沉重而使行動不便。而且防寒服是以把暖空氣保留在布料中的方式來禦寒，一但外套沾上泥水，就沒有禦寒效果了。因此在第二次世界大戰結束後，外套基本上變成了很少在野外打滾的後方使用的防寒裝備。

野戰服普及之後，士兵會在裡面穿上毛衣來禦寒。毛衣有高領和背心等種類，大多是從民間產品轉用過來。私人毛衣如果符合軍中規定的色調，也會允許穿著，不會有問題。

防寒手套，是先戴上毛料手套後再套上皮手套來禦寒。連指手套的防寒性雖然高，但穿戴時不能扣扳機，因此食指的部分被獨立出來。

防寒帽，是把毛製品的針織帽戴在頭盔之下。針織帽折返的部分可以拉下來蓋住耳朵，也可以作為野戰用的**軍便帽**來使用。第二次世界大戰後期，改成使用**軍綠色**的野戰帽，針織帽因此消失，但現在同款式的帽子還是有人在戴。

防寒裝備和防寒內衣都是以針織品和毛料為主，但現在以聚酯纖維做成的人造毛料也很受歡迎。這種人工毛料既輕又便宜，可以水洗、快乾而且防火。

防寒衣

為了禦寒，必需把各種防寒衣穿在一起。

●防寒外套

●毛衣

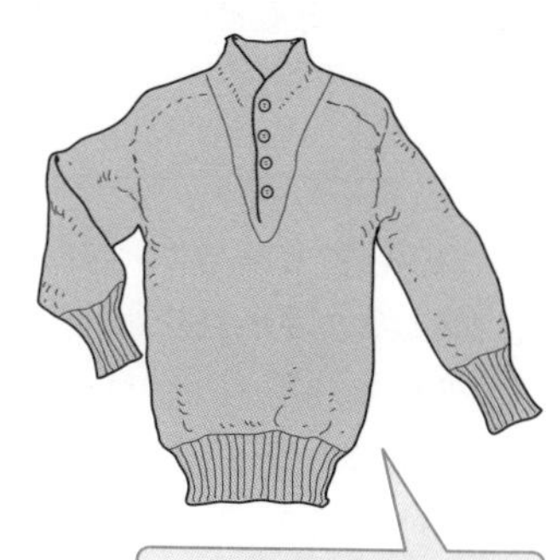

●防寒手套

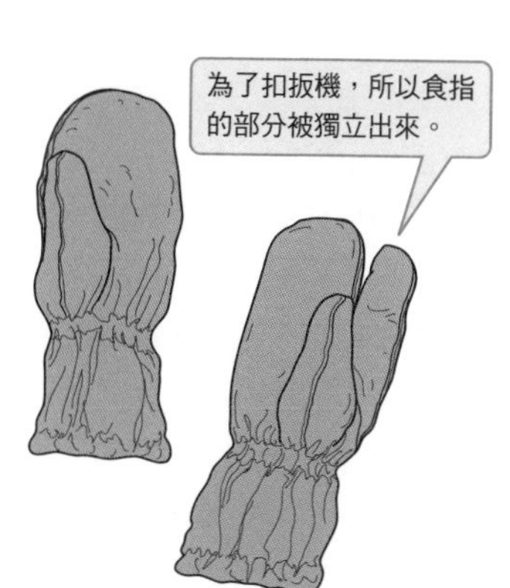

●針織帽

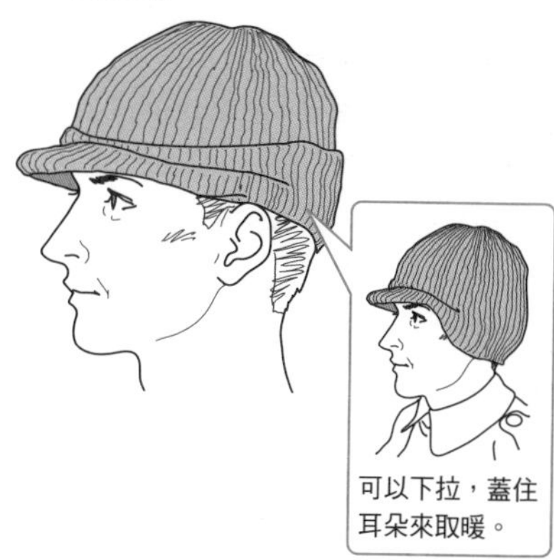

小知識

腳的部分可以用「套鞋」來禦寒。這是穿在靴子外面，長靴般的裝備，有隔熱效果，可以保護腳部避免凍傷。

No.031

透氣又不悶熱的雨衣？

即使下雨，軍隊還是不會使用會佔去雙手的傘具。因此必需穿雨衣或雨披類的雨具，但這類雨具穿起來都很悶熱，就算可以防雨，身體還是會被自己的汗水弄濕。

●高科技材質「GORE－TEX」

可以空出雙手的雨具，也就是所謂的雨衣或**雨披**。但因為身體會出汗（＝水蒸氣），所以穿戴時內部悶熱，是這類雨具的缺點。

因而誕生的是，同時具有不讓外部雨水滲入的防水性與可以讓內部的水蒸氣散去的透氣性的兩種相反特性的GORE－TEX這種高科技素材。

一般的雨具可以噴上防水成分來提高防水性，但如果在已經濕掉的部分施加壓力的話，水就會滲入纖維的內部。

但GORE－TEX的話，就算給予壓力，水也不會滲入。這是因為GORE－TEX的纖維是「具有許多比水分子小，但比水蒸氣分子大的孔洞的膜」的形態。

GORE－TEX原本是民間開發出來的素材，在1970年代被做成戶外運動用品及雨衣，大受歡迎，最後也被採用為軍方裝備。GORE－TEX不只可以應用在雨具與防寒外套上，還可以應用在野戰服的褲子、**靴子**以及**手套**上。

GORE－TEX是薄片狀的素材，可以和防水性高的尼龍等纖維重疊在一起使用。表面的尼龍層可以把水彈開，以利濕氣散去（提高透氣性），所以一但尼龍層受損，防水性就會下降，水分會積在表面，使水氣難以散發。因此GORE－TEX的產品不可太粗魯地使用。此外因為這種使用奈米技術的高科技產品，成本很高，所以通常不會分配給全部的隊員。

GORE－TEX製的雨衣

所謂GORE－TEX是……

一種兼備不透水的防水性與讓濕氣散發的透氣性的素材。

是在1969年，名為Bob Gore的人把電纜的絕緣體延展後做成的膜發展而來的纖維素材。被應用在帳篷上，隨後以戶外用品為中心，被廣泛應用。

●GORE－TEX製的雨衣構造

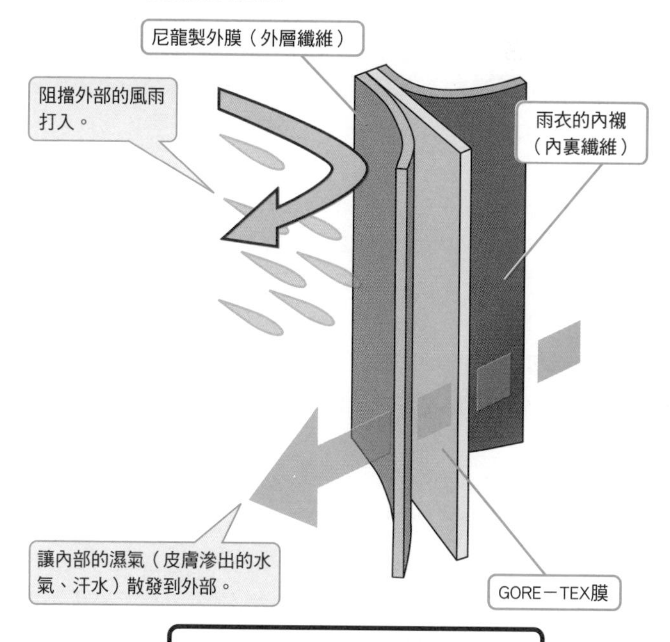

GORE－TEX的缺點

- 使用時不能太粗魯。
- 是高科技產品，所以價位也高。

小知識

GORE－TEX在重覆洗滌後性能會降低，因此有「以成本角度來說，不適合在日常或訓練中使用」的評價。

No.032

雨披是簡單的偽裝道具？

雨披是一種在大塊的布料中間開洞，讓頭通過，其他部分像斗蓬般地垂掛在身上的外套。原本是用來禦寒及作為雨具使用的中南美傳統服裝，但現在已經成為「套頭型外套」的總稱。

●一塊布的多種應用

雨披（Poncho）原本是西班牙文裡外套的意思，現在用來普遍指稱「開洞讓頭穿過的服裝類型」。

作為傳統服裝的雨披，大多是禦寒性高的毛織品，但現在大多數是尼龍或GORE－TEX製的產品。因為雨披折疊後不佔空間，所以也被用在背包等的打包用途上。

雨披主要是作為雨具使用。和雨衣相比，只要從頭上套下去就行，穿戴簡單，可以對應突來的驟雨。而且就算不下雨，也可以當作簡單的防風、防寒裝備來使用。

除此之外，雨披還可以作為士兵、裝備的偽裝用道具來使用。特別是有兜帽的雨披，可以把頭部與身體間的線條隱藏起來，在槍擊戰與偵察時有偽裝的效果。就算被敵軍看見，只要不被敵軍認出是「人影」，就可能不會被開槍攻擊。

這種情況如果在雨披表面加上迷彩的話會更有隱身的效果。在戰場上，即使只有一秒，只要能更晚被敵人發現，都是寶貴的時間。

一般的雨披尺寸是以雙手打開的長度為基準的正方形或三角形。把雨披蓋在掩體或塹壕上方時，可以作為偽裝網使用。此外還有抱膝而坐時可以把身體捲起，或把兩塊雨披結合成士兵個人用**帳篷**等的種類。

可以是雨衣，也可以是偽裝用道具

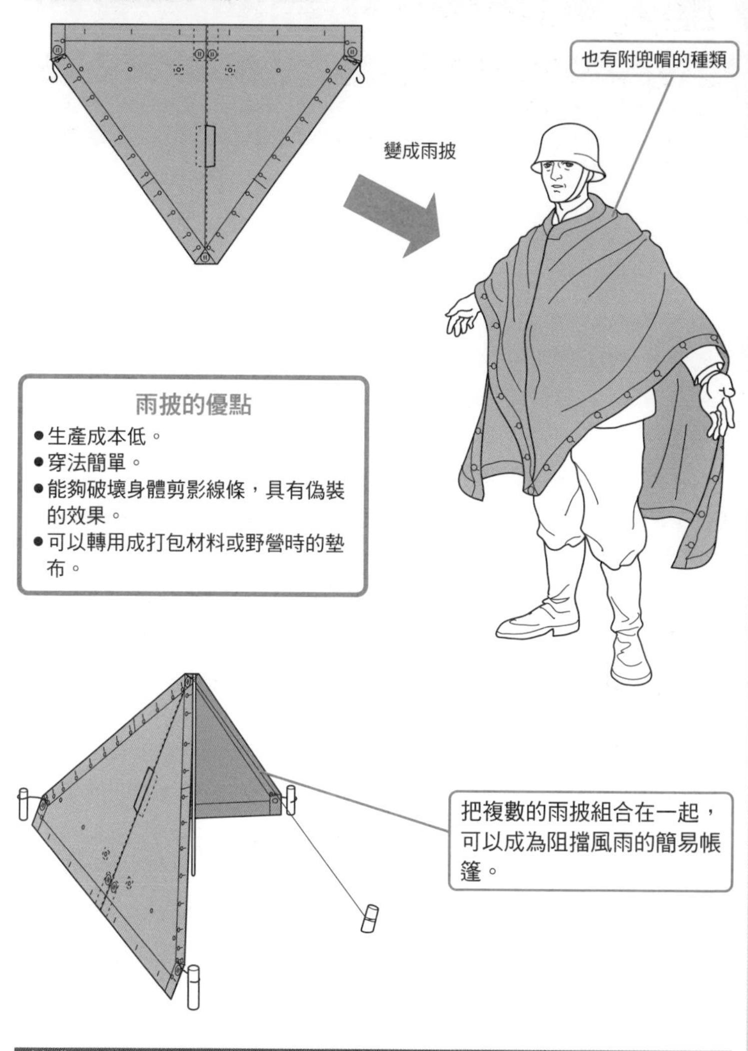

小知識

除了軍綠色外，雨披的顏色還有白色的冬季色或迷彩色等等。在下襬處加上帶子或扣子的話，束攏後可以作為罩衫使用。

No.033

軍人會戴哪些種類的帽子？

軍人戴的帽子，除了像警察制服般的「正帽（平頂帽）」及戰鬥時的頭盔之外，還有許多種類。其中大部分都是重視機能性的帽子，此外也有被當成略裝而允許佩戴的帽子。

●牛仔帽或棒球帽也行？

軍人的服裝也包含各種帽子。其中相當具有特色的是類似牛仔戴的「布什帽」。

這種帽子是越戰時美軍戴的寬邊帽，可以使落在頭頂的雨或水滴不至於妨礙視野，在穿著雨衣或**雨披**時能順暢地戰鬥，此外也可以保護頭部不受強烈日曬。不戴時候可以揉成一團塞在口袋裡。

布什帽原本是士兵自行準備的裝備，後來以「Boonie Hat（雨林帽）」的名義制式化後分配給士兵使用。其他還有探險帽、戰鬥帽等各種稱呼，但基本上都是同樣的帽子。

和野戰服成套的是野戰帽。基本上是以野戰服相同的材質做成，是在不戴**頭盔**時戴的帽子，自衛隊把它稱為作業帽。為了戴起來好看，頭頂部分會穿入鋼絲之類來撐起帽形。（不戴的時候可以用帽沿的部分夾在腰帶後面）

在基地時可以戴「軍便帽」。在一般觀念中，士兵就算不是處於戰鬥時期也該注重儀表——沒有帽子不成體統，軍便帽就是因為這種理由而戴的帽子。

和軍便帽類似的帽子還有「識別帽」。是棒球帽般有帽沿的柔軟帽子，只能在基地和駐守地使用。這不是配給品，是部隊各自向廠商購買、自費購入的裝備。因此各部隊的顏色和設計都不一樣，可以提高部隊的團結力和士氣。

軍便帽是和制服成套的正式帽子「正帽」相反意義的名詞。另外，只要不是私人物品，不管什麼樣的帽子，一旦變成軍方採用為制式的帽子，全部都可以稱為「制帽」。

軍隊使用的各種帽子

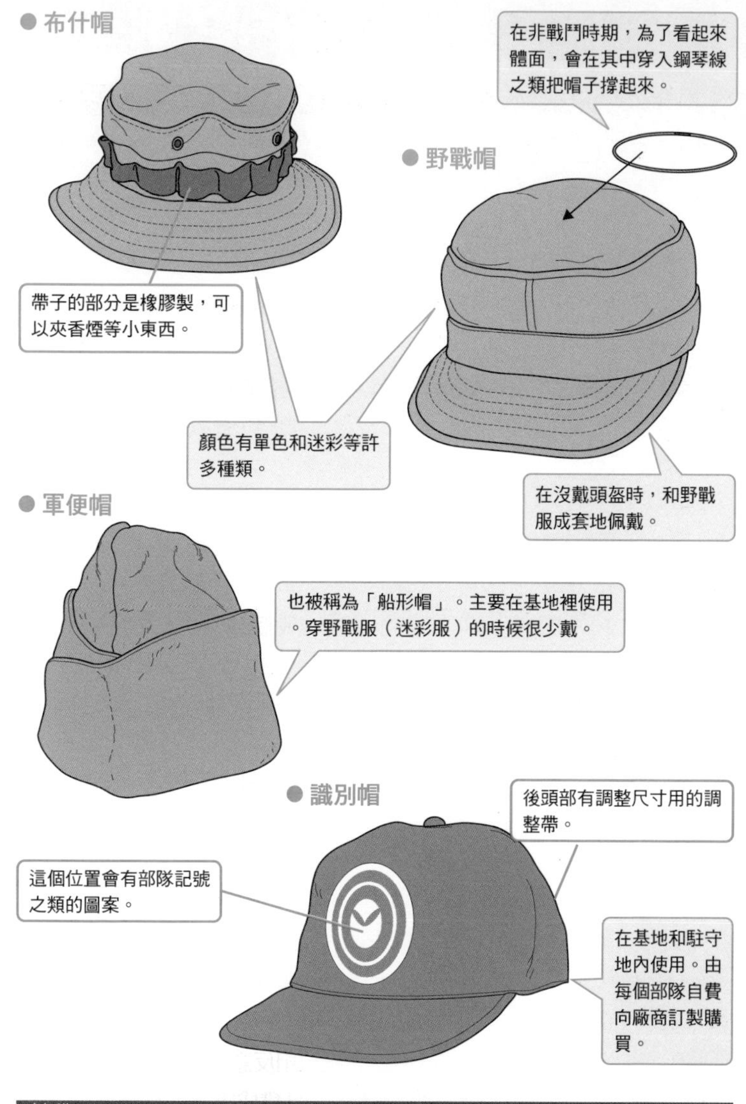

小知識

除了正帽以外的帽子，大多是可以在脫下頭盔後立刻戴上，平時能夠整團收到口袋裡的類型。

No.034

貝雷帽有規定的戴法嗎？

從有名的美軍特種部隊「綠扁帽（綠色貝雷帽）」的隊名可知，軍隊和貝雷帽間的淵源很深。貝雷帽的定位不只是一種裝備品，也是隊員們的精神寄託。

●向左戴？向右戴？

貝雷帽的材質是毛料或不織布等布料，帽緣滾有柔軟的皮邊，是一種簡樸的無邊帽。

據說特種部隊採用貝雷帽的典故是來自法國—印第安人戰爭。在這場戰爭中，英國的非正規部隊「羅傑斯遊騎兵（Rogers Rangers）」戴著貝雷帽作戰。

經歷二次的世界大戰，貝雷帽被許多國家的部隊採用。貝雷帽的構造單純，材料又不貴，因此容易被各國所接受。

成立軍用貝雷帽概念國家的據說是英國。由於英軍積極使用貝雷帽，因此對第二次世界大戰時流亡到英國的歐洲各國（現在的NATO諸國）人士產生影響。現在大多數國家都是採用「把貝雷帽向右傾斜，在左側露出徽章」這種英式戴法，可能也是因為這個原故。此外也有「向左傾斜，在右邊露出徽章」的法式戴法。貝雷帽的戴法主要就是這兩種。

是否在戰鬥中戴貝雷帽，會因國家與時代而異，但直到最近，英國的突擊部隊還是有在戰鬥時戴貝雷帽的傾向。但以美國為首的許多國家則是在戰鬥中戴**頭盔**。

貝雷帽的顏色因國家而異。綠色是傘兵部隊，黑色是戰車部隊，如此地以部隊或兵種來改變顏色，企圖劃分出和一般士兵的差異的情況很多。這種把特殊軍裝（＝貝雷帽）佩戴在身上的做法，可以刺激部隊的精英意識，同時也有「以貝雷帽來作為強化部隊的團結力的象徵」這層意義在。

貝雷帽的戴法

依布料斜掛的位置……

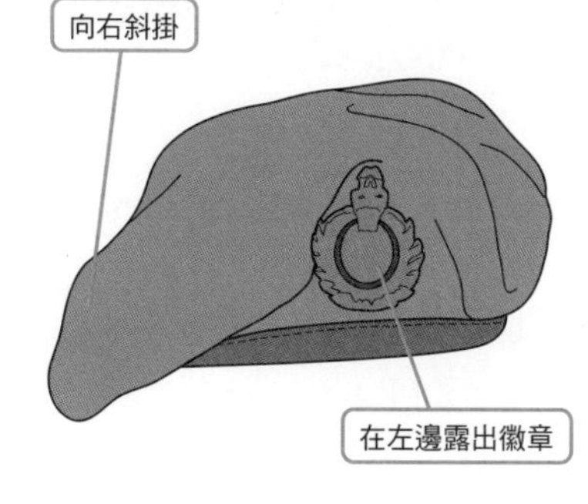

法式

向左斜掛

在右邊露出徽章

這種差異是如何形成，並沒有一定的說法。

貝雷帽的顏色大多依軍種來決定。

例如第二次世界大戰（1942年）的英軍……

空降作戰的傘兵部隊	＝紅色（栗色）的貝雷帽
奇襲上陸作戰的突擊部隊	＝綠色貝雷帽

- **佩戴特殊裝備可以刺激精英意識。**
- **可以作為團結部隊的象徵。**

……有這樣的意義。

小知識

法國的「Commandos Marine（陸戰隊的突擊部隊）」的貝雷帽戴法是英式，也就是布料斜邊向右邊的戴法。

No.035

握住刀子也不會被劃開的手套？

手套是一種用來禦寒或保護手部的袋狀服飾。從作業用的棉手套到皮製的高級手套、迷彩花紋手套……樣式非常多。特種部隊還有就算抓住刀子也不會被劃破的手套。

●以Spectra纖維製成的特殊手套

保護手部可說是維持戰力的重要要素。手部受傷的話不但不能使用武器，穿脫裝備時也會出現問題。

從保護手部的觀點來看，擁有頂級性能的是即使抓住刀子也不會被劃破的「Spectra手套」。

Spectra是由名為AlliedSignal的公司（現在被Honeywell併購）所研發的商品名稱，是一種被應用在**防彈背心**上的特殊纖維。真實身分是一種由超高分子量聚乙烯聚合而成的高分子纖維。

Spectra纖維比因重量輕，可防彈、防刃而有名的克維拉纖維的強度更強。Spectra纖維製手套除了可以在白刃戰時作為防禦之用，在特種部隊繞繩下降（使用繩索下降）時也可以用來保護手掌不被繩子割傷或磨擦灼傷。

相較之下，一般的棉質工作手套在戰場上有優點嗎？這疑問就很大了。軍方配給的工作手套是**軍綠色**，但除此之外和民間用的白手套沒有兩樣。這種手套有難以進行細部作業、容易滑掉等的許多問題。

比起戰鬥，這種棉質手套比較常用在挖洞或搬東西之類的粗活時。優點是價錢便宜，可以用完就丟。而且因為是左右手兼用的類型，所以少了一隻也不會造成困擾。但在作戰時，士兵還是會比較希望能使用高性能的手套。

高性能手套可以在軍用品店（PX）買到。有止滑手套、和飛行夾克同材質的難燃性手套等種類，但士兵必需自費購買。

戰鬥用的手套

重點在保護手部。

● Spectra手套

Spectra纖維製的「防割」手套。

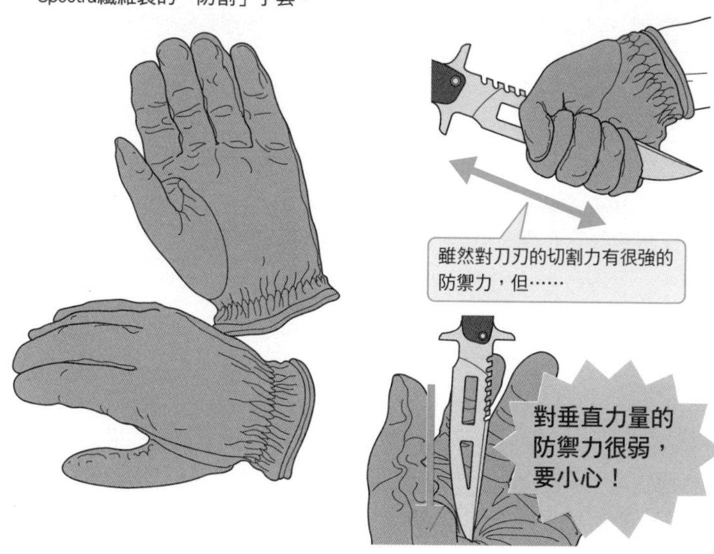

● 軍方配給的是……

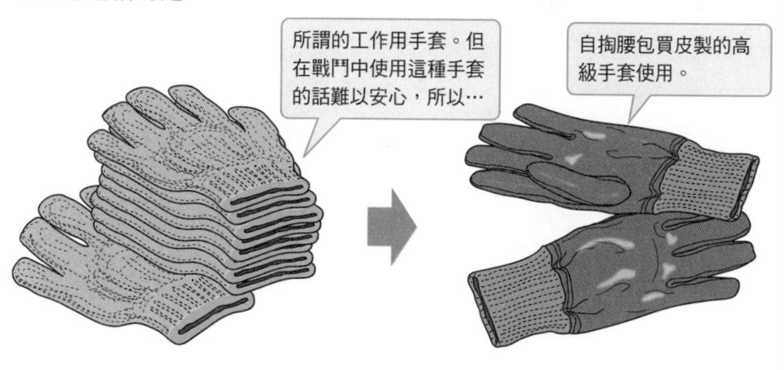

小知識

Spectra纖維還被應用在防刃上衣、護頸、防刃外套等產品上。

No.036

戰鬥靴注重的要素是什麼？

靴子被要求的功能很簡單，就是保護在長時間的行軍或戰鬥中被過度使用的士兵的腳，以避免戰鬥力低下。各國目前也陸續地採用各種新的高科技素材來改良這項功能。

●堅固又舒適

對軍隊的士兵，尤其是步兵來說，走路是行動的基本。最近「機械化步兵」，也就是以裝甲車或卡車在戰場移動的步兵也不少，但不可能直到最後都還是坐在車上，還是必需用自己的腳來行動。

因此軍用靴所要求的是，在士兵激烈動作時可以緩和地面傳來的衝擊，這種緩衝的能力。同時也必需具有可以穩穩地抓住地面，保持身體安定的功能。

如此一來，踩在地面時會用力的腳尖和腳跟處的強度就是問題所在。這兩個地方如果不夠堅固，走路時身體會不安定，對長時間的行軍徒增不必要的疲勞。當然，保護士兵的腳不被尖銳的石頭或玻璃碎片等刺傷，也是靴底必需堅固的另一個原因。總而言之，靴底部分的耐用度是非重視不可的項目。

如果要求的只是便於運動，那民間的慢跑鞋或步鞋就夠用了；但行軍或戰鬥時，如果小石頭、砂子、碎岩和硬殼蟲之類的東西跑進鞋裡的話，行動起來會很不舒服，因此軍用靴的長度幾乎都會超過腳踝。較長的靴子還有固定腳踝的功能，可以降低扭傷的機率。

但覆蓋住腳的面積一大，汗水就不易從靴子中排出，導致腳部悶熱，造成心理方面的不愉快，而且對疲勞度也有很大的影響。因此穿軍用靴時，要注意透氣問題，尤其要小心不感染上足癬。

為了戰鬥而製造的靴子

戰鬥用靴所要求的項目

- 可以緩和地面傳來的衝擊的「**緩衝性**」。
- 踩在地面時可以支撐身體的「**安定性**」。

＋加上……

- 合腳又不悶熱、不會擦傷皮膚的「**舒適性**」。

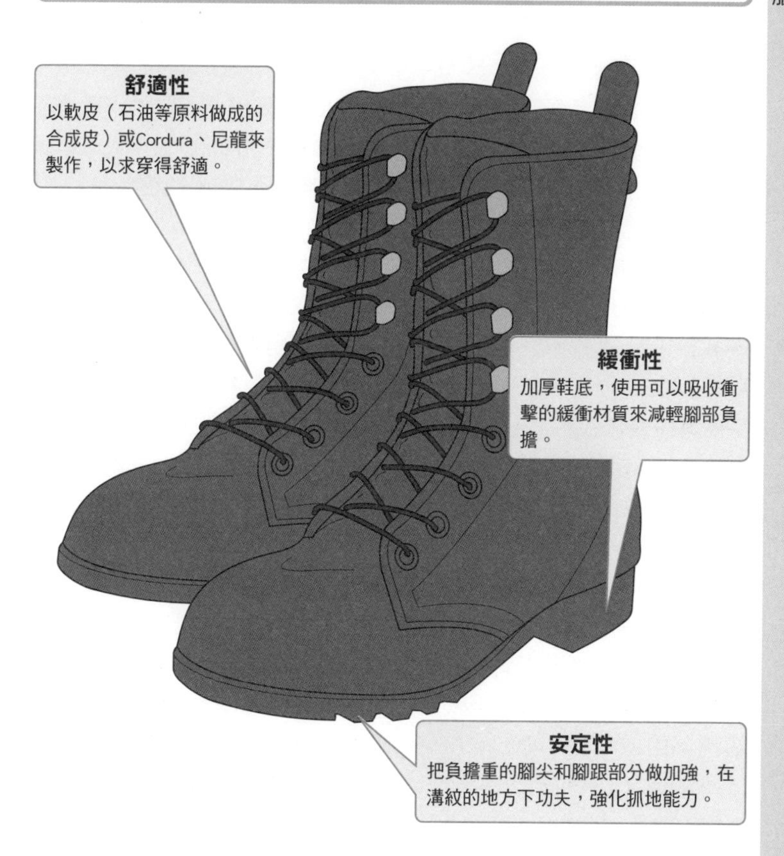

小知識

直到1980年代為止，靴子大多是皮製，為了維持靴子的性能，必需每天保養才行。當時的新兵會被教導如何燙制服還有擦鞋的方法。

No.037

戰鬥靴可以取代雨鞋嗎？

戰鬥靴的長度和雨鞋差不多，所以會有如果穿上靴子的話，是不是踩到水窪也不會弄濕腳的想法。但靴子為了可動性和透氣性，在製造時留有很多的縫隙，因此不能期待靴子的防水性。

●水滲進去是理所當然的事

戰鬥靴和雨鞋的長度差不多，都是覆蓋到腳踝以上的鞋子。但靴子有很多表面上看不見的縫隙，所以不能取代雨鞋的功能。而且軍靴原本就是為了把「在岩石上行動時對腳部產生的衝擊」減到最小而製作的，因此並不考慮防水的問題。

軍靴的橡膠製靴底有許多種溝紋，用途和輪胎的溝紋相同，都是為了在經過潮濕的地面時，把水從溝紋間排出，讓士兵在濕漉漉的地面行走時不會滑倒。從某種意義上來說，雖然也算是對應雨天的設計，但主要目的不是為了防止腳被弄濕，所以還是不能和雨鞋相提並論。

直到1990年代為止，軍靴的主流一直是全皮製品，因此靴子濕掉後如果不仔細保養，皮革會硬化、龜裂而不能再穿，保養方式是把泥土剝落後用鞋油打磨。全新的皮鞋很硬，穿起來會不舒服，所以在用鞋油擦鞋前，要多一道手續：用軟化防水油來讓皮革柔軟。新兵入隊後會接受嚴格的擦鞋指導，此舉除了具有打點外表的意思在之外，也是為了讓靴子的使用壽命可以更長久。

現在最新型的戰鬥靴使用的是高性能素材，同一雙鞋子可以在各種環境中使用。例如把柔軟防水的皮革和GORE－TEX組合在一起的高價位產品，穿起來舒適、防水性又好。使用在運動服上的「Coolmax」，可以把內部的水分排出到空氣外面，產生以汽化熱來冷卻的效果，乾燥速度比棉快六倍。使用這種材質的話，就算靴子被浸濕，也可以很快地乾燥，回復到舒適的狀態。

戰鬥靴的防水性能

靴子有很多縫隙，
所以無法取代雨鞋。

要如何才能提高防水性……

不可能！

戰鬥靴本來就不是為了防水，而是為了防止受傷及止滑的目的製造的。

那麼就不要在乎濕掉的問題吧！只要在長足癬前把腳弄乾掉就好。

注意點

- 必需替換乾的襪子。
- 在沒事時不忘記替靴子上鞋油打磨。

靴子底部的溝紋是用來止滑，並且具有把地面的水從溝中排出的功能。

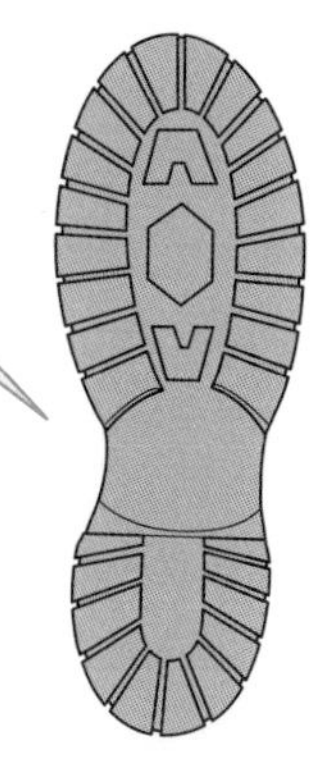

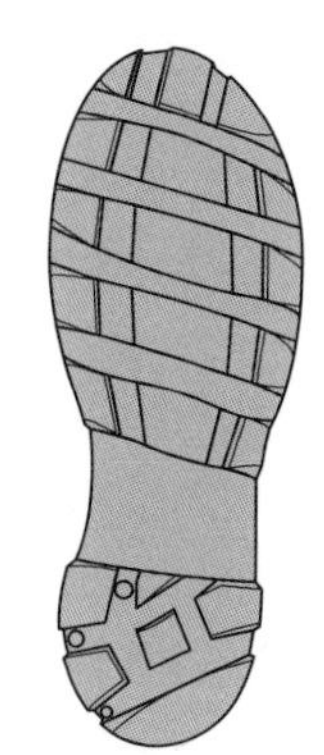

小知識

使用以「Coolmax」為代表的快乾性材質，可以在短時間內乾燥的靴子已經登場了。

No.038

叢林靴的底部裝有鐵板？

叢林靴是為了在茂密的雨林等地區行走，由美軍所研發的特殊軍用靴。越戰時的美國士兵就是穿這種靴子戰鬥，而且底部經過特殊處理。

●敵人是濕氣和陷阱

皮製的軍用靴很不適合在越南的雨林之類高溫潮濕的環境使用。皮革雖然堅固，防水性也高，但在濕地裡會變成災難，因為濕氣無法從內部散出。

潮濕的靴子穿久之後會長足癬。有人會認為「不過是足癬而已嘛！」但其實不可以小看這件事。形成足癬的真菌繁殖力非常強，一但被感染就會越來越嚴重。嚴重的足癬甚至會導致無法走路。

而且皮革濕掉再乾燥後會硬化，所以必須考慮靴子磨擦皮膚所造成的傷害。在越戰中還必需防範敵人設下的陷阱，例如在淺穴中放入塗滿糞尿的釘子這種惡質的陷阱，會使踩中的士兵腳部受傷，發炎化膿。

叢林靴是因應這些前線的情報與期望，為了對抗陷阱與提高透氣性而研發出來的產品。

為了對抗陷阱，在靴子的中底和靴底間夾入金屬板，靴底雖然是由合成橡膠製成，但內部藏有金屬片的話，就可以擋住陷阱對腳部的傷害。

為了對抗溼氣，所以不是全皮製成。改以帆布來製作靴子的上半部，如此一來，即使靴子濕了又乾，也不會硬化而擦傷皮膚。靴子上有許多排水孔，可以讓水快速排出，並且混用了棉花之類的材質，讓靴子可以穿起來舒適又透氣。

靴上裝有拉鍊，可以簡單穿脫，用以實踐「確實地脫掉靴子，乾燥腳部」的原始但最基本的足癬預防方法。

叢林靴

為了高溫潮濕的戰場特別研發出來的新靴子！

● 重點1：提高透氣性

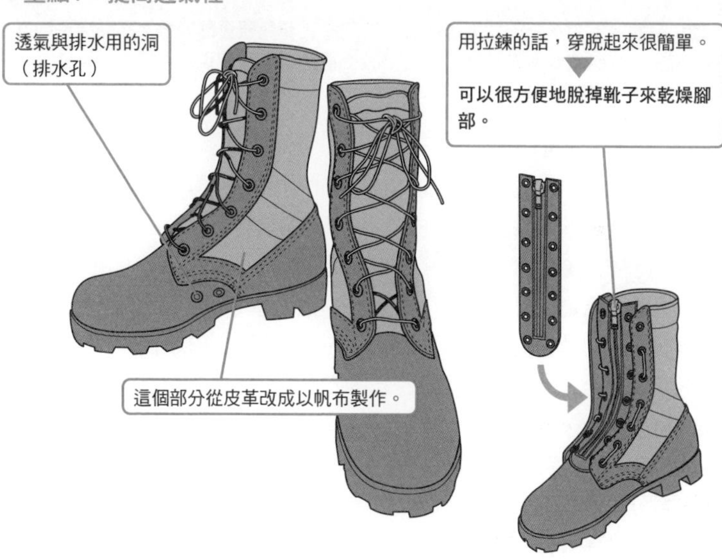

● 重點2：對抗陷阱

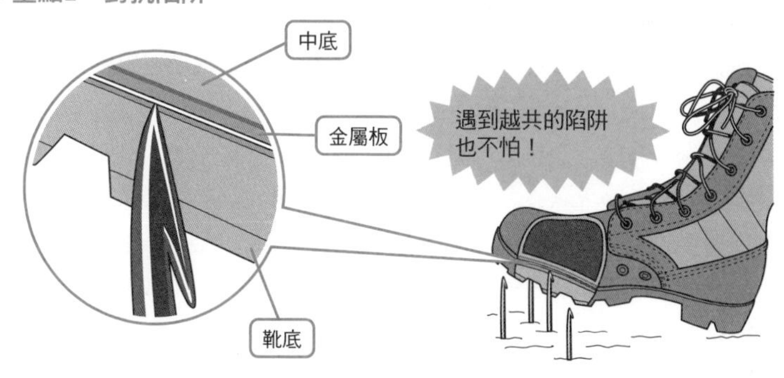

小知識

叢林靴的靴底有各種形式，有防止泥土塞住的特殊溝紋，也有讓足跡看起來和當地村民的腳印差不多的偽裝用靴底。

No.039

過去軍靴的靴底都會打上鋼釘嗎？

靴子被要求的功能之一是「止滑」。直到靴底的材質改為橡膠，可以簡單地製作出止滑的凹凸（溝紋）為止，唯一的止滑方式是在靴底打上鋼釘。

●為了止滑而做的各種嘗試

描繪過去戰爭的漫畫中，穿著軍靴的角色登場時，都會在旁邊寫上「喀！喀！」的狀聲詞。此外還有「軍靴的聲響」一詞，用來形容穿著軍靴的軍隊行走的樣子。

現在的軍靴是以合成纖維等各種素材組合而成。但在從前，製作軍靴的材料只有皮革一種。做法是把數片皮革縫成靴子的形狀，再以長鞋帶來固定在腳上。為了不讓靴底或是腳跟的部分磨損，因此是以多張硬皮重疊補強而成，並且在靴底打上止滑用的鋼釘。

在現代，由於可以自由加工成各種形狀的合成橡膠的普及化，因此除了軍靴外，所有的鞋底也都被加工成凹凸的溝狀，以防止打滑。

第二次世界大戰時，國土沒有成為戰場，因此資源沒有短缺的美軍，生產了大量橡膠製靴底的軍靴給士兵使用。只要把融化後的橡膠注入模具中，就可以量產各種溝紋的靴底，可以低成本地製作軍靴。

但除了美軍之外，當時大部分的軍隊還是使用裝有鋼釘的靴子。

雖然鋼釘可以止滑，但容易把地面的熱度傳達到腳底，成為在沙漠行軍時燙傷的原因。在寒帶，則會讓腳部的熱量散失，所以有因地表的冷氣而凍傷的危險。

理論上在這些地區不該使用裝有鋼釘的靴子，通常是在靴子外穿上「套鞋」，或穿比腳大一號的靴子，在裡面塞入麥稈或報紙來應急。

軍靴的響聲的起源

在靴底以皮革製作的時代……
要止滑的話，除了在靴底打釘之外
沒有別的方法

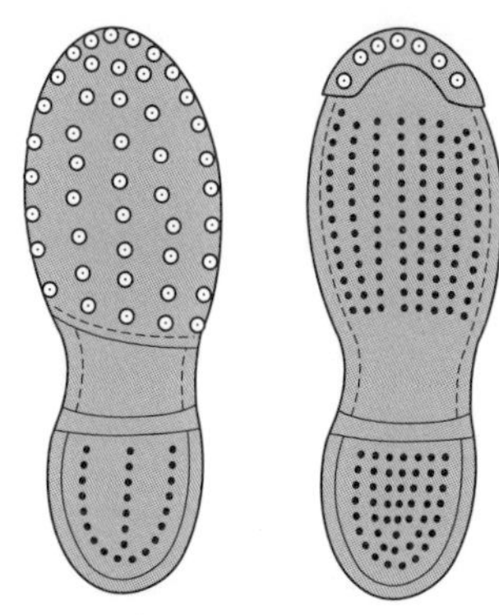

止滑的鋼釘密布在靴底。

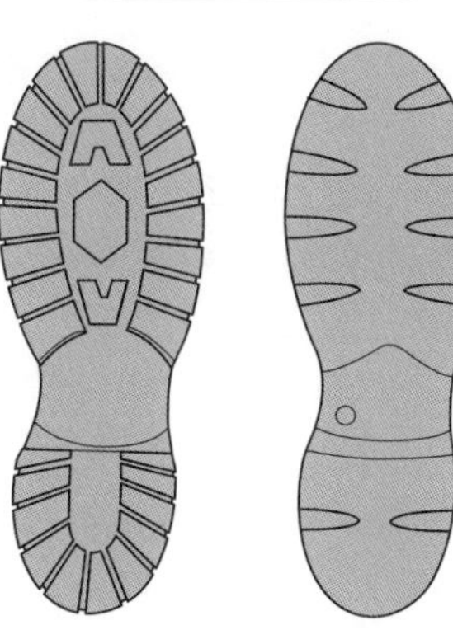

靴底有凹凸溝紋，可以取代鋼釘的功能。

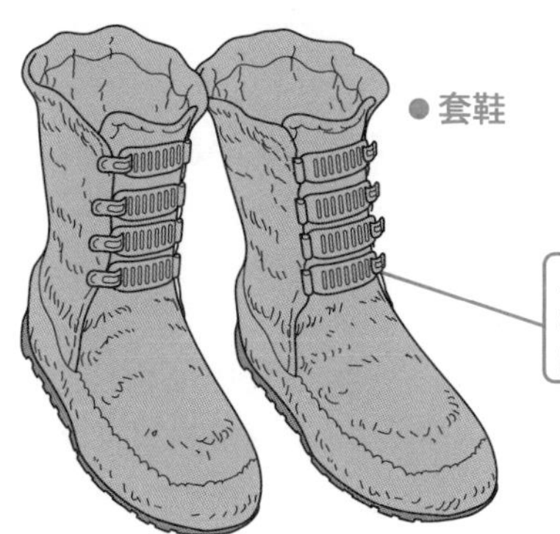

小知識

第二次世界大戰的俄國戰場上，穿著有鋼釘靴子的德軍中，許多士兵因為地面過冷而凍傷；但蘇聯士兵則是穿戴沒有打釘而且大一號的靴子，在裡面塞入麥稈，所以沒被凍傷。

No.040

日本士兵纏在腿上的布有什麼功能？

第二次世界大戰時，日本士兵會在腿部綁上有點像繃帶的東西，名為「綁腿（Gaiter）」。把綁腿從褲管尾端朝上方纏繞，可以防止異物進入鞋底。

●以捲布條的方式來達到和長靴相同的效果

一般而言，士兵穿的靴子都是可以保護腳踝和腳底，並且能防止小石頭或砂粒進入靴裡的長靴。但製造一雙靴子，需要使用的皮革相當多，大量生產的話除了耗時之外，還得花費許多金錢和資源才能製作出來，這是長靴的缺點。

第二次世界大戰開始時，德軍和蘇聯軍是穿著長度到膝下的靴子來戰鬥。但戰爭末期，由於物資缺乏，無法再製作那麼長的靴子，因此誕生了稱為綁腿——像繃帶般的布條，以纏繞這種布條來達到和長靴相同的保護腳部效果。而且綁腿可以把褲管收束起來，讓褲管在行動時不會造成阻礙。

綁腿雖然成本低，但穿戴起來很麻煩，一般人很難綁好。第二次世界大戰時美軍和英軍用的則是「護腿（Leggings）」：套上長方形的布或皮革，再以金屬環扣起，所以可以簡單地穿脫。

護腿的縫隙比綁腿大，但穿著所需的時間比綁腿少很多。而且方便穿脫，這表示在休息時可以簡單地脫下靴子，放鬆腳部。

綁腿是很久以前就有的裝備品，英軍和法軍從古時起就有在使用。日軍的「纏腿布」和綁腿是差不多的裝備。但纏腿布不是為了省成本或品質較差的代替品，而是因為：適度地綁住小腿，可以在長期行軍時減少腿部的疲勞。因此就算穿長筒靴的德國步兵，在爬山時也是會纏上綁腿。但不會讓腳部疲勞的綁法需要技巧，所以在戰鬥靴普及後，綁腿就消失了。

綁腿（纏腿布）是用來防止小石頭或
垃圾跑進靴子裡的裝備。

●把這種形狀的綁腿……

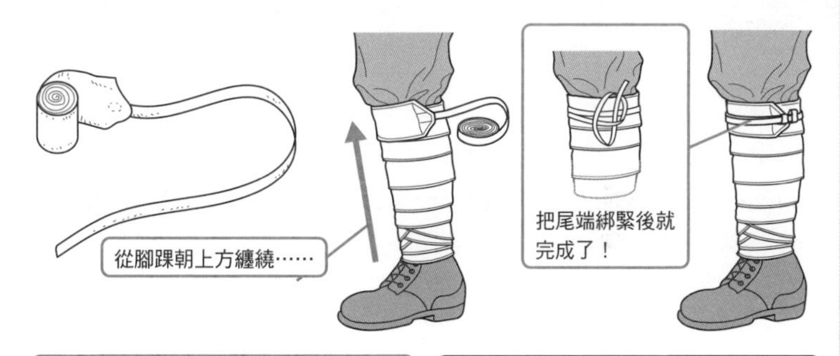

優點	缺點
●可以減輕腳部疲勞。 ●成本便宜。	●纏繞的過程很麻煩。 ●沒綁好就會鬆開。

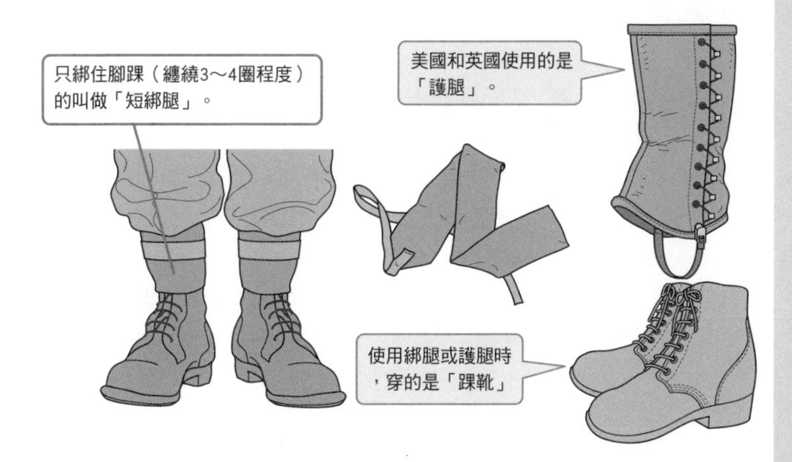

小知識

在第二次世界大戰時，德軍是為了在山岳戰鬥，蘇聯是因為物資短缺的理由，所以各自使用了綁腿。

No.041

狙擊兵穿的「吉利服」是什麼？

狙擊兵是在遠處狙擊敵人的士兵。進入狙擊狀態的狙擊兵，所有精神都會集中在目標上，沒辦法馬上應付對方的反擊。因此狙擊兵都會穿著讓敵人難以發現的特製野戰服。

●看起來就像叢林綠毛怪

狙擊兵為了能夠一次就擊中目標，會把全部的精神集中在狙擊上，因此很難對身邊的情況產生警戒。另外為了提高命中率，會採用伏擊的姿勢，所以被敵人攻擊時很難馬上對應。

為了克服這些缺點，理所當然的措施就是採取「讓敵人無法發現」這種方法。所以狙擊兵都會很用心地偽裝自己。因而誕生的是專門為狙擊兵而製作的偽裝服：吉利服。

吉利服是在衣服和**頭盔**上黏上草木或小樹枝等東西，以達成偽裝目標的服裝，所以穿上吉利服後，很難看出辨出人類的輪廓。這樣一來潛伏在樹林中時，敵人會為了辨識出「這是像人的東西」或是「不知道是什麼的東西」而使得反應會變慢。在過去是狙擊兵自行摘取當地的樹枝草葉，插在偽裝用的網子或降落傘帆布上做為偽裝，但現在則是由軍方準備好吉利服給狙擊兵使用。

穿上吉利服時，露在外面的臉會相對醒目，所以必需仔細地在臉部塗上油彩來偽裝。同時也不能忘記在步槍上纏上布條來破壞輪廓。

吉利服是在森林或草原等綠色的環境中使用的偽裝。在都市或沙漠中穿吉利服的話反而會更加顯眼。另外在構造上，熱氣容易悶在衣服內部，尤其在夜晚時和周圍的溫差太大，容易被紅外線感應的**夜視裝置**發現。

潛伏在樹林中的謎般物體

吉利服可以把人類的外形變成不同的樣子。

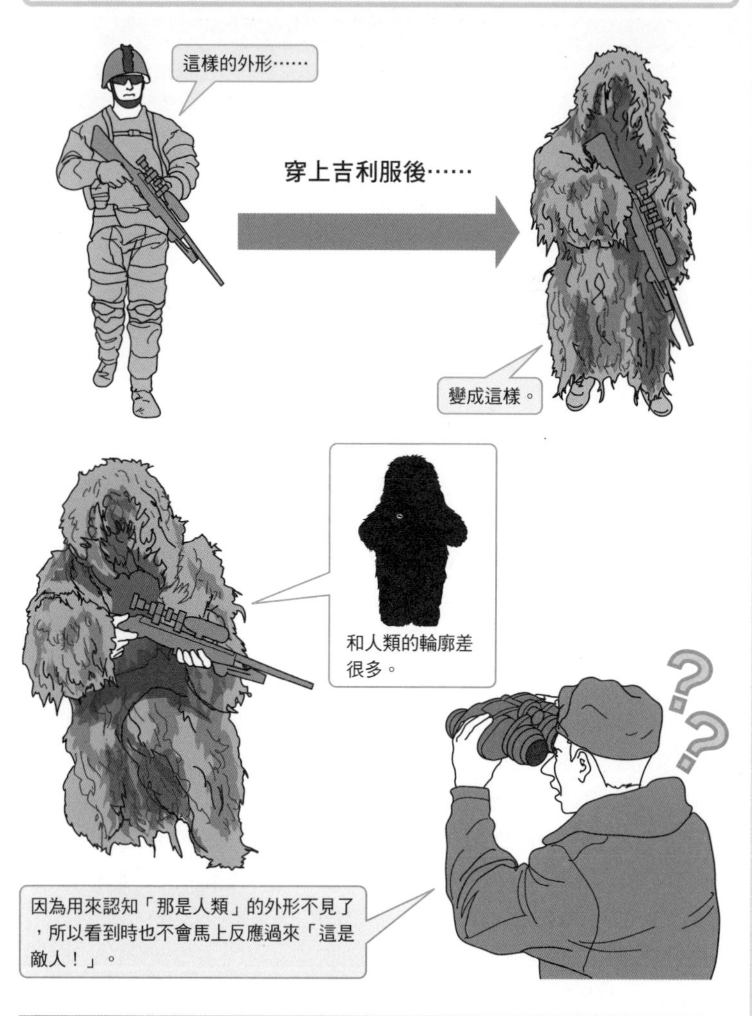

小知識

吉利服的名稱由來據說是蘇格蘭的森林妖精「Ghillie Dhu」。傳說中Ghillie Dhu是住在森林深處，穿著樹葉或青苔的青年。現在蘇格蘭當地還是把狩獵或釣魚時的嚮導稱為Ghillie。

No.042

飛機駕駛員穿戴的裝備有哪些？

現代的飛機——尤其是噴射式戰鬥機的駕駛員，都會穿著連身服般的駕駛服。這種駕駛服是為了在劇烈的加速動作中保護飛行員而設計的，是現代戰機的標準裝備。

●抗G力飛行服以及飛行員的裝備品

抗G服是為了保護飛行員不受戰鬥機的急速迴轉或攀升等劇烈的機動時發生的G力（重力）影響而誕生的服裝。在空戰的迴轉或攀升時，飛行員會被強大的G力襲擊。能否承受住G力，並讓視野與思考保持清醒，決定了空戰的勝敗。

特別是在加速時，G力會暫時抑制血液的循環，導致流向腦部的血液減少，使飛行員產生「黑視症」，造成嚴重的問題。抗G服能在G力發生時，給予下半身壓力，以減緩血液離開腦部的情況。一般是在2.5G力時會自動啟動抗G功能，注入空氣使衣服膨脹。

此外抗G服還有對飛行員施予壓力的功能：把空氣灌入衣服之中，增加壓力，在因高高度而壓力急減的高空中保護飛行員。

在近乎真空的高高度環境中，人類的體液會沸騰，體內的氣體會因壓力過低而膨脹。而且在高高度飛行時，因為氣壓低下，會使呼吸器官、消化器官、鼻、中耳等發生障礙，所以不給與壓力，保持一定的氣壓的話，飛行員就無法活動。

直升機或戰鬥機、運輸機等的飛行員都會戴有「飛行頭盔」這種特殊的頭盔。這種頭盔有保護眼睛與頭部、可以用無線電和同伴進行長時間對話、在高空飛行時提供氧氣等等的功能。另外在第二次世界大戰時，飛行員戴的不是頭盔而是飛行帽。飛行帽主要是用來禦寒。當時的飛行員會戴**風鏡**，但沒有氧氣面罩。由於和我方機體之間的合作不多，因此大多是以打開防風玻璃大喊的方式來對話，或打手勢溝通。

飛行員的高空裝備

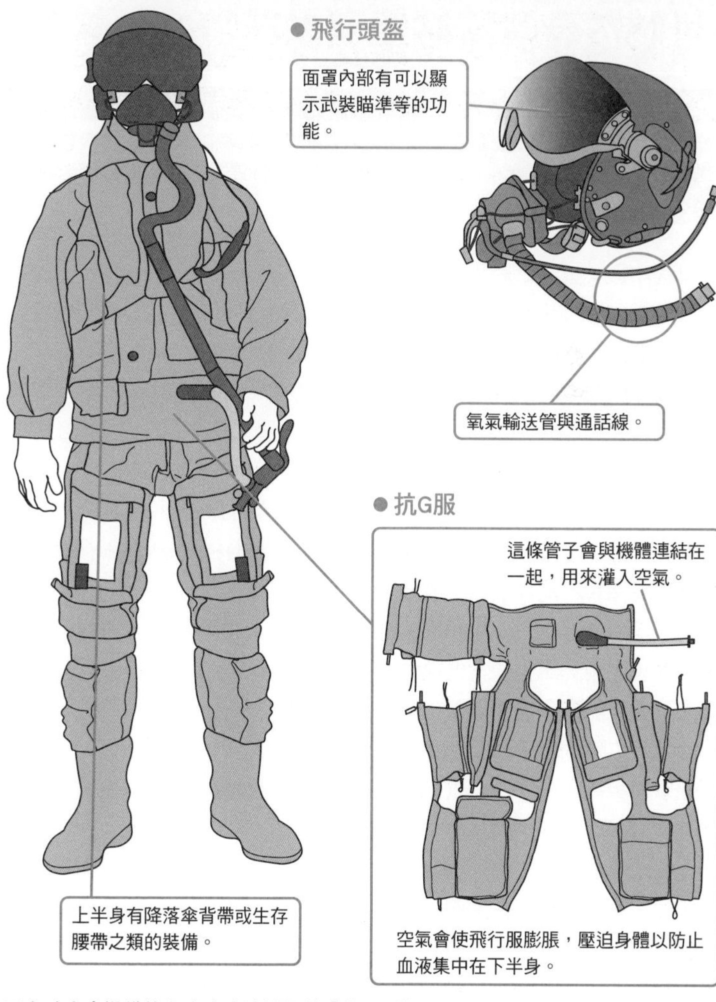

※有時也會裝備能在高高度戰鬥用的「抗G腰帶」。

小知識

最早的抗G服是以水來束緊身體的「液壓式」。把這種抗G服成功實用化的是第二次世界大戰末期的美國，並在韓戰時投入戰場中使用。

No.043

以降落傘降落時需要帶著哪些裝備？

使用降落傘從飛機上降落到目標地區的戰術稱為「空降」。因為大多是降落在敵人的勢力範圍內，所以都是由熟練的空降部隊與航空部隊一起合作進行作戰。

●降落傘與支撐身體用的降落傘背帶

空降所需的特殊裝備很多，使用那些裝備，需要專門的知識與訓練。打開降落傘的動作稱為「開傘」，大約是在高度750公尺左右時進行，以拉開拉環的方式來打開降落傘。

打開後的降落傘，即使在遠方，看起還是非常明顯，因此可能被敵人從地面攻擊。為了因應這種情況，會把開傘的時間延後，進行不容易被敵人發現的「低高度開傘」，（也就是在高度約300公尺處開傘）。用來空投物資的無人降落傘上，會有和高度計連結在一起的自動張傘器，用來自動開傘。這種裝置也可以裝在有人的降落傘上使用。

代表性的傘形有方形和圓形兩種。方形傘的操作性比圓形來得好，使用起來也比較簡單，滑空性能也優秀。但因為空氣會在傘間流動，如果傘面有破洞的話，發生事故的危險性比較高。

圓型降落傘的安全性雖然高，但和方形相比之下操縱性不好，著地時的衝擊也較大。但因為製造成本低，所以降落在危險度低的區域，或是不需要精確降落時，還是會使用圓形降落傘。

連結降落傘和士兵的是稱為「降落傘背帶」的裝備。這種背帶通常會固定住胸、腹、腳部分的關節，並且在著地後可以迅速解開。

從高高度降落的降落傘會有相當的重力，如果這些重力集中在身體的某部分的話，會造成骨折或挫傷。此外開傘時的衝擊力也不可小覷，所以會把背帶做成可以把壓力平均地施加在士兵全身的形式，使落下時的讓負擔不會集中於身體的同一處。

降落傘的類型與降下裝備

●方形　●圓形

●降落時支撐身體用的降落傘背帶

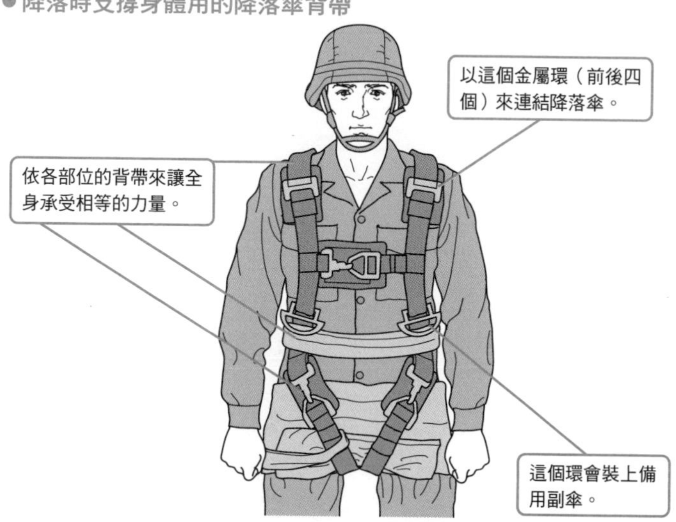

小知識

降落傘的傘布可以用來偽裝，傘繩（Parachute Cord）可以拿來做各種物品的捆綁用途。

女性士兵用軍服的成立

在現代，先進國家的軍隊中有女兵，已經不再是稀奇的事。但在把她們當作異端的時代，女兵曾遇到許多困難。英國曾有「女性應該是被男性保護，要求的是貞潔嫻淑」的思想；在美國，媒體和宗教相關的人士則是帶頭宣稱「當兵的女人大部分是女同性戀者。不然一定是想要多拉些客人的妓女。」如此地中傷女兵。

第二次世界大戰爆發後，成立了不少女兵隊，但偏見和謠言還是沒有減少。軍方高層雖然也有「這樣下去沒問題嘛？！」的疑慮，但女性士兵們不但完美地達成了交賦給她們的任務，而且女兵部隊的規模也越來越大。早期的美軍曾有把女人看成「只要稍微難一點的事全都不會的低能人種」的傾向，女性士兵的募兵條件也訂為「受過教育的中產階級」的高門檻，而且必需有2名以上擁有美國公民權、沒有前科的人格保證人的保證才能入伍。如果志願者有14歲以下的小孩，還需要找到能照顧小孩的人才行。

但也許因為對這樣的環境的反動（初期的女兵中有9成是大學學歷），所以女兵的個人能力都非常高。如果對男性新兵做同樣的教養要求，沒有受過士官訓練的人根本達不到相同水準。

發展至此，軍方終於開始為女兵制定制服。早期女兵的定位是被軍隊雇用的平民，基本上被當成文職雇員，因此沒必要為女兵製做軍服。而且軍人穿軍服雖是義務，但同時也是特權，不被當成正規軍看待的女兵並沒有穿軍服的權利。

早期的女性軍服並不是像一般女裝一樣以女性的尺寸去做，也就是說無視女性服裝的特有問題（特別是胸部和臀部的不同），直接把男性制服拿來使用。民間的服裝設計師雖然熟知這些部分的差異，但軍隊則認為生產效率和節約布料比較重要。雖然如此，手提包之類「對女性而言是必要」的物品卻在早期就包含在制服的裝備裡，大多是以輕量的毛料為素材製成。

戰鬥用的裝備有比較好一點，有女兵專用的野戰外套。雖然款式和男性用的差不多，但左右襟相反，胸線也是以女裝的標準來修正。腰部的口袋比制服的容量大，但胸部的口袋因為體型問題，所以只是有口袋蓋的裝飾品。褲子是像滑雪服那樣寬鬆、腳部較細的款式。但開口不是在股間，而是以扣子從右側扣起。依軍隊不同，現在還是有以男性士兵標準製作的軍服，但整體而言女兵的待遇漸漸地在改善中，服裝也會花上一定的心思去製作了。

第三章
個人裝備

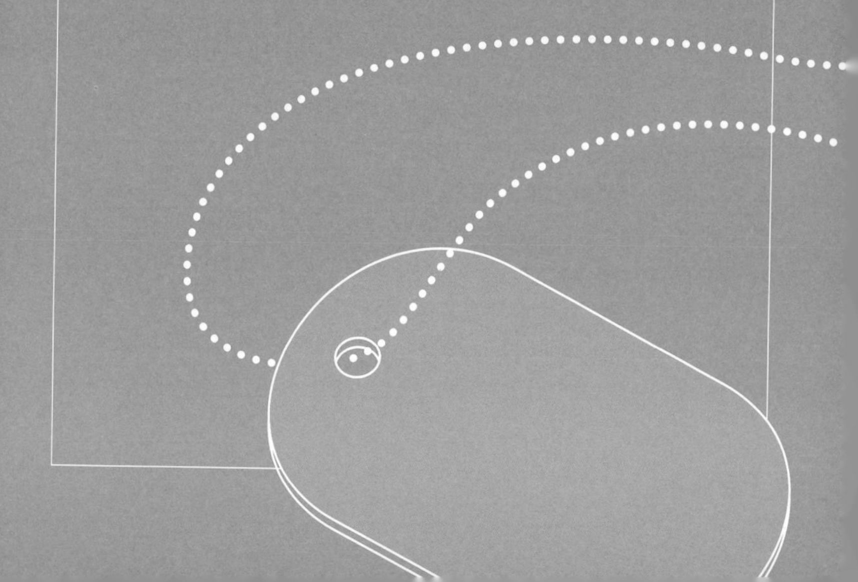

No.044

個人裝備是如何發展的？

自從設立了常備軍，統一了士兵的行動之後，裝備的規格化程度也逐漸升高。另外因為鐵路、汽車、飛機的普及，軍隊的行動範圍迅速擴大、高速化，這點也影響了裝備的發展。

●種類的增加與搬運方法的改變

在從前，軍隊是由莽夫組成的集團的時代，裝備這種東西很雜亂，對自己能力有自信的人會各自選擇適合的武器和裝備，雖然多少會出現問題，但可以用每個人的習慣和技術來掩蓋過去。

但軍隊以組織之姿發展成熟後，裝備品也產生了變化。

首先改變的是：裝備種類的增加。雖然說，戰爭的最終目的是打倒敵人，所以只要帶著武器就好，但不可能在到達戰場之前都不吃不喝、不眠不休地前進。所以毛毯之類的寢具或換洗衣物、水和糧食等等，理所當然都是必備品。

再來是挖掘壍壕用的鏟子或防止毒氣攻擊的**防毒面具**、受傷時急救用的**醫療包**、防寒用的**手套**，還有不讓身體失溫的**雨具**等，隨著時代的前進，士兵的裝備品也越來越多。

第二個變化是，開始花心思在如何把越來越多的裝備品有效率地搬運這件事上。首先是把裝備集中在腰帶周圍的**腰帶組**的登場，之後進化成各種**戰術背心**或**MOLLE**般的系統背包。再加上**靴子**的高性能化、背包的改良之類不顯眼的進化，也相當程度地減輕了搬運行李時造成疲勞。

因為這些變化，裝備品的材質也有許多嘗試。從棉布、皮革、鋼鐵等自然材質演變成尼龍之類的化學纖維，後來還不惜使用克維拉、Aramid、GORE－TEX等高科技素材。裝備品的種類與穿戴方法在第二次世界大戰後變化不大，但在素材的研發方面，目前依然不斷地在進步中。

個人裝備的歷史

士兵的裝備品

**過去是大家雜亂地使用各自的裝備，
但在軍隊作為組織成熟後，變成統一的規格。**

在裝備統一的過程中……

種類的增加

- 鏟子
- 防毒面具
- 急救包
- 防寒用品
- 雨衣等……

因為戰場的擴大與軍隊的大規模化，因此必要的裝備也一直增加。

穿戴法的變化

腰帶組
↓
IIFS（個人綜合戰鬥系統）
↓
MOLLE（模組化輕量攜帶裝備）

為了能夠有效率地佩戴日漸增加的裝備，嘗試過許多的做法。

素材的發展

- 從皮革或棉花等天然素材變成……

↓

- 尼龍等的化學纖維
- 難燃纖維或對可以抗紅外線的高科技素材

就算是同種類的裝備，因為素材不同，性能也完全不一樣。

裝備的改良、進化現在依然繼續著。

小知識

現在還有積極地把網路通信的電子技術引進步兵裝備中的研究計畫。

No.045

裝備品要如何穿戴在身上？

手槍的槍套、水壺、醫療包、備用彈匣袋等等的裝備品，為了能在戰鬥時立即取出使用，因此會直接佩掛在身上各處。這些裝備是如何固定住的呢？

●一般是以鉤子或夾子來固定

在過去，戰鬥用裝備的配戴方式，通常是掛在由吊帶和手槍腰帶等組合而成的「腰帶組」上。

佩掛的方式有：以腰帶穿過裝備品耳帶的「穿帶式」，或以金屬掛鉤勾住腰帶上的雞眼的「Eyelet Hook式」。後者可以牢靠地把裝備固定在身上。

穿帶式的佩戴法雖然方便又簡單，但裝備會在腰帶上滑動，很難固定在同一個部位；Eyelet Hook式則是在固定之後無法做出細微的調整。由於上述兩種固定法都有所不足，因此誕生了「Alice Clip」這種夾子。

Alice Clip是一種滑扣式金屬夾，可以把裝備牢靠的固定在個人喜歡的腰帶位置上。雖然說夾子可能在活動中生鏽、變形、硬化，但因為Alice Clip是很堅固的產品，所以可以沒有顧慮地用力拉開。1970年代後，出現了樹脂製的版本，使用時不再需要使力打開。

冷戰結束後的1990年代，名為「Interlocking Attachment」系統的固定方式登場。這是一種把裝備直接佩掛在背心或背包上的方式，特色是以專用的轉換零件或名為「Malice Clip」的樹脂夾來固定裝備。

積極採用這種系統的是美軍的「MOLLE」裝備系統。MOLLE不是在腰帶或吊帶等「線」上佩掛裝備，而是在背心之類的「面」上固定備用彈匣袋等物品。

這種新方式的出現使得裝備品的可能佩戴範圍大幅增加，佩戴位置和佩帶角度等的自由性也飛躍性地升高了。

固定裝備的方法

●隨著時代的演進而變化的裝備固定法

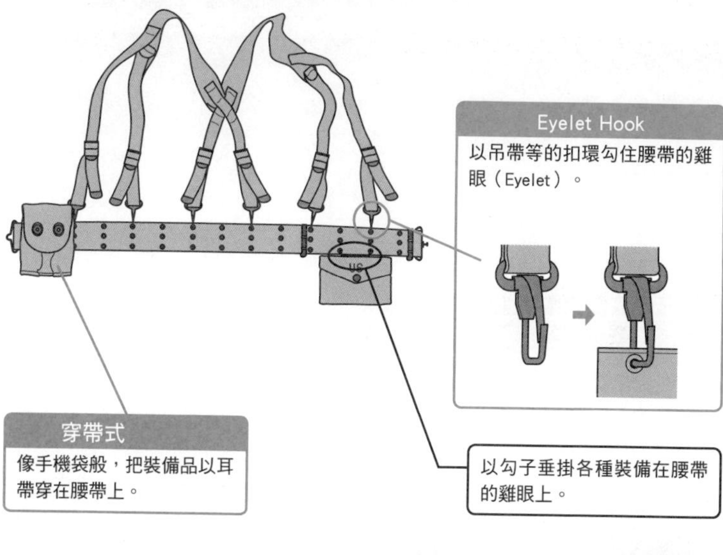

Alice Clip

把裝備以滑扣式金屬夾固定住。

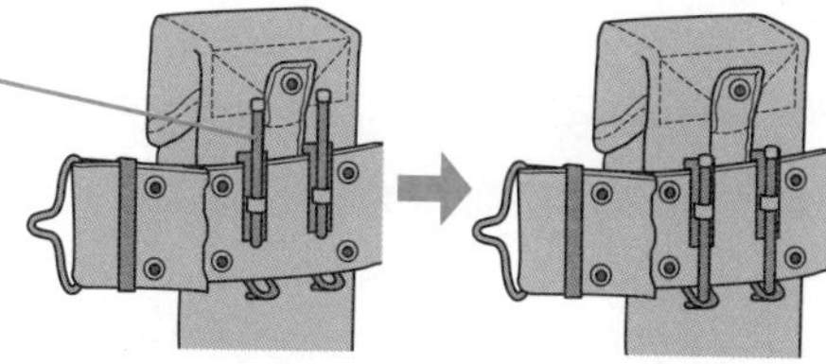

Interlocking Attachment 系統

把樹脂製的轉換零件插在腰帶或衣物的「織帶」上來固定裝備。

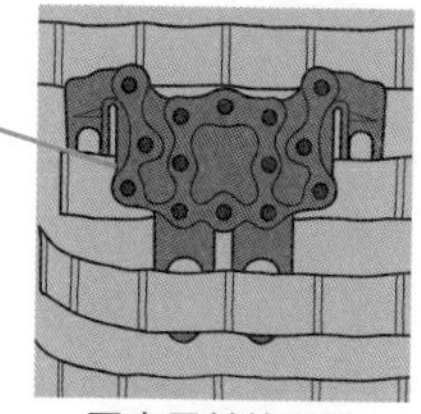

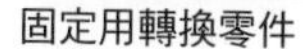

固定用轉換零件

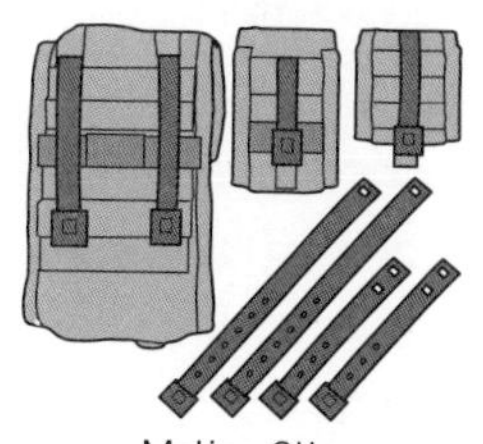

Malice Clip

小知識

美軍除了一般的武器外，也相當熱心研發與步兵相關的裝備品。其他國家則分成像德國、日本般積極採用美國研發的裝備品的國家，和像英國那樣走獨自開發路線的國家。

No.046

「MOLLE」是什麼樣的裝備？

MOLLE是一種使用「織帶」的裝備系統。織帶是縫在野戰服或護甲表面的帶狀固定用具，以專用的固定夾把各種裝備固定在上面。

●可以隨意變換配置位置

在何處佩戴裝備品，意外的是件不能輕忽怠慢的事。在生死關頭，可以快速地取出裝備來更換的這件事非常重要，而且也會對精神的安定與否帶來很大的影響。如果士兵的心理狀態能夠保持安定，就能快速、正確地判斷情勢並採取行動，是一種好的循環。

可以快速佩戴好戰鬥用必要裝備的**腰帶組**，在某種程度上能夠變更裝備的位置，但變化範圍僅限於腰帶及雞眼。**戰術背心**則是從一開始就把各種裝備配置在使用方便、可以快速取出的位置上。但決定位置的方法是取最大公約數而成，並不能讓所有人都覺得那些地方是最好的配置部位。

使用織帶的話，則可以隨使用者高興來變更裝備的位置與角度。可以因慣用手的不同，來改變裝備的配置部位，也可以依任務的內容來調整配置。此外還可以把不需要的裝備品拿下，或依體格與習慣來做調整，因此可以相當程度地降低作戰時的疲勞。

這種裝備不只能減輕士兵的壓力，另一點也很重要的是：可以壓低採購裝備的成本。

從配給裝備的角度來看，比起依任務的類型來特別研發、分配不同的裝備給士兵，只要在野戰服及**護甲**上縫上織帶，就可以讓士兵照自己喜好把裝備袋掛在身上的做法是比較省時省力的方式。

也就是說，配給的一方可以省下時間與金錢，使用的一方可以自由地配置成最適合自己的形態，是很便利的系統。

在喜歡的位置裝上喜歡的裝備

所謂的MOLLE是……

Modular Lightweight Load－carrying Equipment的簡稱。
在1990年代末成為美軍的制式戰鬥用品。

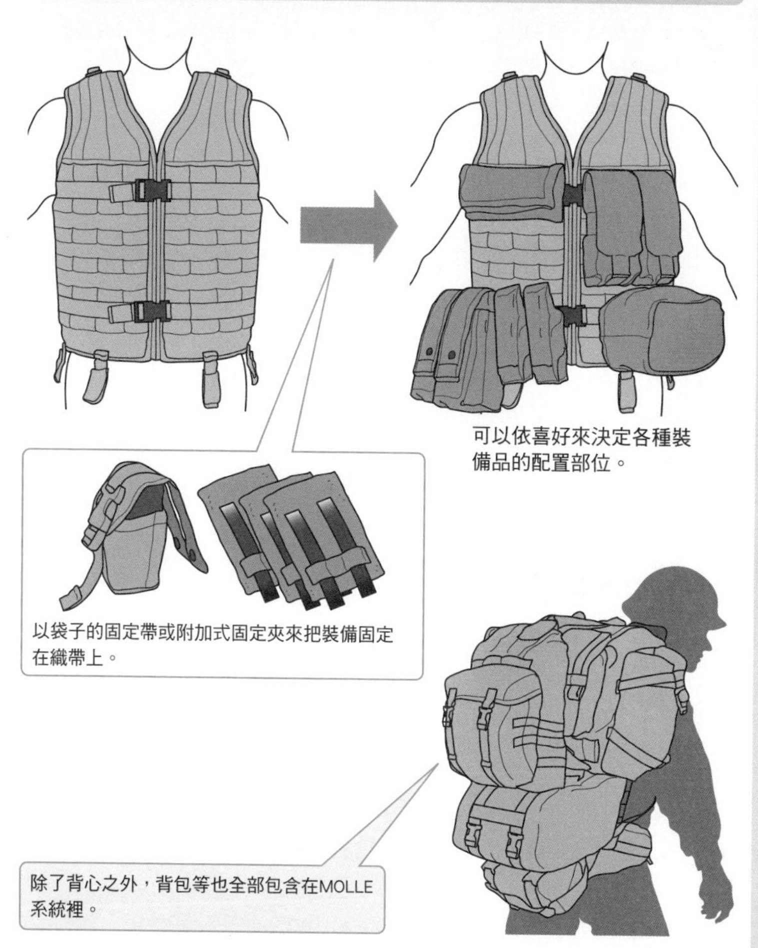

小知識

把構造更加簡化、更不容易損壞、成本更低的MOLLE II也已經登場了。

No.047

頭盔被子彈直接打中也不會有事嗎？

保護頭部的頭盔，和金屬製鎧甲或盾牌同樣屬於歷史悠久的防具。但因為槍器的發達，這些防具全都從職業軍人的裝備中消失了。中世紀騎士般的金屬裝甲是無法阻擋威力大增後的步槍子彈的。

●不期待防彈能力

頭盔是用來保護內有人類重要器官的頭部的裝備。在工地時戴的工地帽是為了防止東西砸到頭，騎車時戴的安全帽也是為了預防摔倒時傷及頭部而戴的，和頭盔是功能相近的防具。

在過去，前往戰場的軍人，會以金屬鎧甲包覆身體；但自從槍器的威力越來越強後，以盔甲來防禦攻擊的這種方法就失效了。

但在第一次世界大戰開始時，炮彈變成以內部火藥來炸裂的榴彈，為了防止榴彈的碎片傷到頭部，頭盔的功能再次受到肯定。（在塹壕戰中互擲手榴彈時，頭盔對擋住在頭頂爆發的手榴彈有一定的效果）

頭盔的材料是鋼鐵，但因為重視的是其防禦碎片的功能，因此不能說它具有彈開子彈的防禦力。雖說只要增加頭盔的厚度，就可以提高防彈能力，但因為頭盔是戴在頭上的東西（以脖子來支撐重量），所以再怎麼增厚還是有一定的界限在。

當然，因為打過來的子彈種類與距離、角度等的不同，子彈的穿透力也會依情況而異。因此在調查頭盔的防禦力的實驗——以實彈射擊頭盔的實驗——中，會得出子彈能輕鬆穿透頭盔的結果也不意外。但相反地，因為戴著頭盔所以子彈沒打進頭蓋骨裡面的戰場報告也不少。

現在研發中的是一種名為「PASGT」的輕量但防彈效果高的頭盔。和防彈背心一樣，是把克維拉等化學纖維重疊後加入樹脂，做成頭盔的形狀。

這種頭盔的外形和第二次世界大戰時德軍戴的頭盔很相像，因此也被稱為「Fritz（德國佬）」。

頭盔的功能

戴頭盔主要是為了防止被碎片擊中。

為了保護頭部不被炮彈的碎片打傷而穿戴。

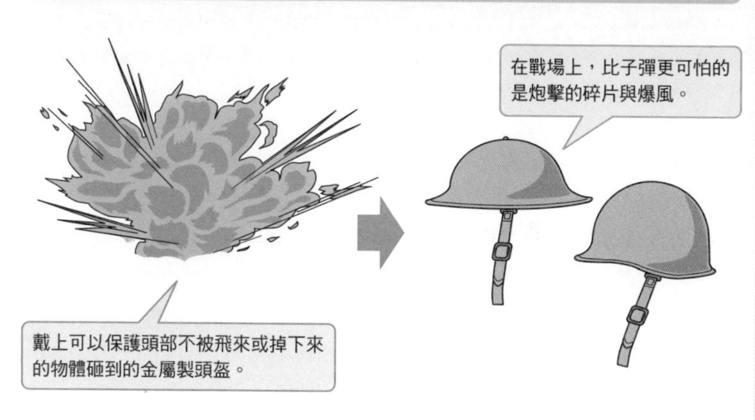

●PASGT頭盔

美軍現用的頭盔是以樹脂固定防彈纖維克維拉製成的產品，可以提高碎片的阻擋力與防彈性。

小知識

在戰場上，有些軍隊會把頭盔下方的扣環解開，這是為了防止爆風造成頸部的疼痛。

No.048

自衛隊使用的是塑膠製頭盔？

當地震或豪雨造成土石流之類的災害發生時，被調派到現場救災的自衛隊員都會戴著頭盔工作。在沒有敵人的炮彈或碎片飛來的地方，戴著沉重的頭盔做事不是很麻煩嗎？

●救災時戴的頭盔很輕

自衛隊在救災時使用的不是金屬頭盔，而是樹脂製的輕型頭盔，和在工地或高處工作的工人戴的白色或黃色安全帽——也就是所謂的工地帽，是同樣的東西。

當然，那種軟質的頭盔在戰場上是沒有用的，前往戰場時必需戴上金屬製的堅固頭盔才行。自衛隊並不是分別採用了2種不同用途的頭盔，而是把頭盔的內部（樹脂製）和外部（金屬製）依場合分開使用。

這種雙層頭盔的制式名是「66式鐵帽」，使用到1980年代末，是以美軍的「M1頭盔」為基礎製作的產品。M1頭盔的特色是由金屬製的外帽（Shell）和樹脂製中帽（Liner）組成的雙重構造，在一般作業或開車時只帶著中帽，戰鬥時再把外帽套在中帽上使用。66式鐵帽和M1頭盔的用法相同，所以在救災或交通管制時，自衛隊員只會戴著「中帽」的部分。

現在66式鐵帽已經退出了前線，取而代之的是「88式鐵帽」。88式是以防彈能力優秀的克維拉纖維製成，不再是雙重構造的頭盔。重量比雙層重疊時的66式輕，但比只有中帽的66式重。因此自衛隊另外採用了名為「中帽Ⅱ型」的樹脂製頭盔來取代66式中帽，作為作業用頭盔使用。

中帽Ⅱ型和66式相比，下巴的帶子更好繫上，內部的帶子也改良成可以調整尺寸的形式。但外側的尺寸和66式的中帽是一樣的，所以必要時可以把66式鐵帽套在中帽Ⅱ型上面使用。

塑膠製頭盔

塑膠製（樹脂製）頭盔是金屬製頭盔的「內裏」

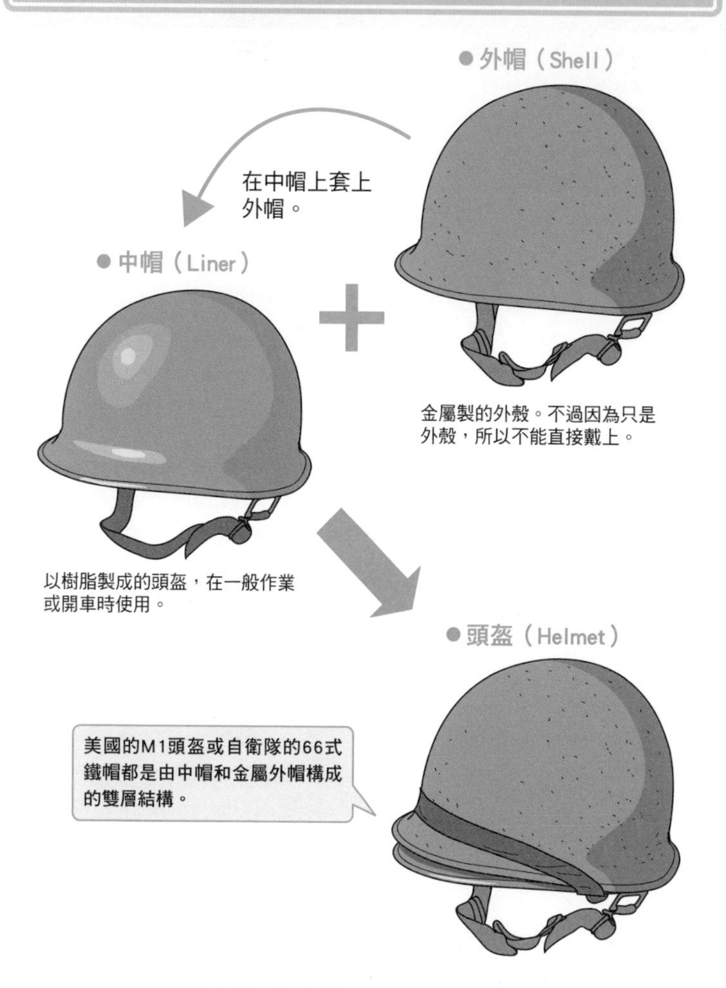

小知識

雖然是救災，但如果是進入火山噴火地區，可能會有火山彈掉落之類的情況時，由於上方的威脅較大，所以會戴上外帽行動。

No.049

夜視裝置的影像不是彩色的？

夜視裝置是作為軍用品而誕生的裝備，但近年來也常被用在觀察野生動物的生態上。夜視裝置的畫面通常是黑白或深淺的綠色，為什麼不做成彩色的畫面呢？

●紅外線沒有顏色

夜視裝置的影像不是黑白，就是綠色，這不是因為裝置老舊，而是因為它們是用來在黑暗處辨視東西的工具。

這類裝置主要分成以紅外線照射目標來掌握目標外形的「紅外線照射方式」與把肉眼無法捕捉的微光大幅增強來看清目標的「微光增幅方式」兩種。

紅外線不是可見光，沒有顏色，只能以光線的強弱來顯示影像，所以只能出現黑白的畫面。微光增幅方式的夜視裝置為了能以少量的光線來讓人看到影像，因此調整成最容易被看見的綠色（光譜色的中間色）。夜視裝置主要是用在夜晚開車或偵察行動之中，所以比起色彩的有無，確認地形和形狀才是優先事項，這也是單色的理由之一。

在夜視裝置中，紅外線照射式的裝置是最古老的種類，在第二次世界大戰時就已經存在了。當時的照射裝置、接收器、電池等都很龐大沉重，之後漸漸縮小，以減輕士兵負擔。

越戰時期，微光增幅方式的夜視裝置登場。這種夜視裝置只要有月光程度的光線就能看見目標，因此也被稱為「星光夜視鏡」。

現在還有「熱成像紅外線方式」的夜視裝置。是感應物體本身放出的遠紅外線，將其增幅，藉此辨視物體外型的夜視方式，所以不需要紅外線照射裝置。微光增幅式夜視裝置在完全無光的地方無法使用，但以捕捉物體本身紅外線來掌握環境情況的熱成像紅外裝置則沒有這個問題。

夜視裝置的類型

夜視裝置的影像全是單色，是因為……
是以紅外線或光線的強弱來辨視物體。

● 光的波長

紅外線照射方式
最古老的方式。因為紅外線沒有顏色，所以畫面是黑白的。

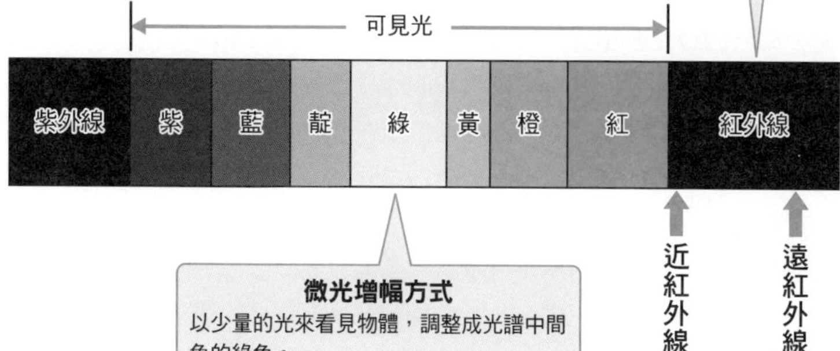

微光增幅方式
以少量的光來看見物體，調整成光譜中間色的綠色。

熱成像紅外儀
最新的夜視裝置，可以感應物體本身放射出的遠紅外線，因此不需要紅外線照射裝置，也因此能在完全無光的地方使用。

近紅外線 紅外線中波長較短的光線，性質和可見光相近。

遠紅外線 波長較長，和電波的性質相近。

小知識

熱成像紅外儀可以感應到熱量的變化，因此也能從足跡等所殘留的紅外線中推測這個人在多久前經過此地。

No.050

在近代戰鬥中，風鏡是必備品？

在戰鬥時，保護眼睛是很重要的。如果看不見東西，就無法以槍枝進行攻擊，或是隨著目標採取行動。因此喪失視力，就等於喪失了戰鬥能力。

●保護眼睛＝護目鏡的重要性

在戰場上傷害到眼睛的情況很多。風沙就不用說了，槍擊時的發射氣體、同伴的槍枝排出的空彈殼、因為跳彈而飛散的木頭、石頭、水泥碎片、或是炮擊戰中的爆風與爆發物的碎片等等，原因不計其數。

最近還多出了被射擊瞄準用的紅色雷射光射中眼睛，或是在室內的近身戰中被敵我方的手電筒照到眼睛而目眩等的新威脅。

在這些狀況中，用來保護眼睛的裝備——護目鏡就變得很重要了。因此護目鏡成了現代戰爭中不可或缺的裝備。太陽眼鏡或風鏡這些東西的歷史悠久，發展至今已經普及到前線的步兵都會把這些東西作為私人裝備帶入軍中使用的程度。

戰鬥用的太陽眼鏡和風鏡，除了阻擋風沙的功能外，鏡片的部分也和一般的不同，大多是以耐衝擊性的素材製成。

當然鏡片的防彈強度不可能達到「把擊中的子彈彈開」這種程度，但只要能擋下碎片之類的東西就沒問題了。因為細微的碎片進入眼內，會讓士兵暫時喪失戰鬥能力，所以只要能擋下碎片就已經算有很好的保護效果了。

風鏡是緊貼在臉上的東西，可以完全隔絕風沙。但因為密閉度高，可能會因內外溫差而使風鏡內部起水氣。但現在出現了受過防霧處理的風鏡，可以解決水氣的問題。

護目鏡

視力＝戰鬥能力

因為這些原因而使眼睛受傷……

- 風沙或塵埃之類的細物
- 射擊時的發射氣體
- 同伴的槍排出的空彈殼
- 因子彈打中東西或炮彈的爆風所飛散的碎片

戰鬥力大幅下降！

眼睛～
我的眼睛啊！

在現代戰鬥中還有
- 瞄準用的紅色雷射
- 敵我雙方的手電筒

…等的新威脅

為了不變成這樣……

護目鏡是不可或缺的裝備！

● 風鏡

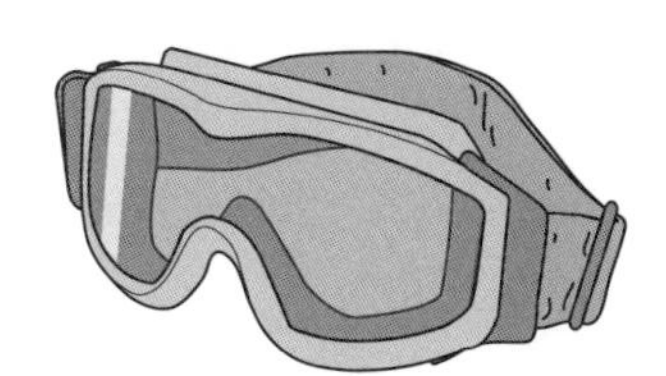

● 太陽眼鏡

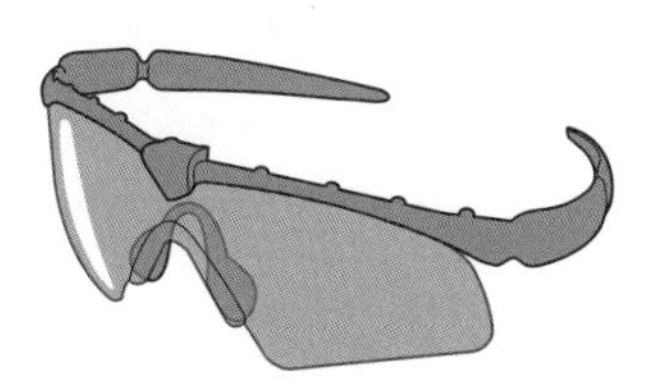

功能是……

- 物理防禦：擋住碎片或塵埃
- 從強光或雷射中保護眼睛

小知識

有些護目鏡，例如被美軍等採用，稱為「ESS Ice」的產品，其強度可以抵擋霰彈槍射出的霰彈而不會破裂。

No.051

士兵的背包裡裝了哪些東西？

行軍中的士兵會背著像背包般的東西。被稱為Haversack、Rucksack、Field Pack的這種背包，除了水和食物外，還裝有寢具、換洗的襪子等的野營必要用品。

●士兵行李的內容

隨著19世紀結束，20世紀開始，戰爭的方式也有了許多改變。為了配合常備軍的創立、槍炮的發達、一般平民也和戰爭產生關聯的國家總體戰……等大環境的變化，士兵的裝備與攜帶方法也成為各國研究的目標之一。

在戰鬥時背著笨重行李的話，會使行動遲緩，成為敵人標靶的危險性會大增。換句話說，在戰鬥中拋棄用不到的糧食或衣物等備用品，才是合理的做法。而為了不讓這些不會馬上派上用場的裝備妨礙到戰鬥的必要裝備，所以會把這些東西裝在行李袋中讓士兵背著。

德國和英國在研究之後，導出了裝備的總重量不該高於士兵體重的1／3這個結論。疲勞的士兵的行動力（＝戰鬥力）會顯著下降。所以行李中不該塞入太多東西，而是帶著基本的必備品就好。

現代的背包重量大致上都壓在20kg左右，加上槍枝與彈藥的話，則大約是30kg。但搬運班支援武器（小口徑機槍）或反裝甲武器的士兵則不在此限。這些武器加上彈藥後，整體行李重量可能會達到40kg以上。

背負著這種重量行軍時，如果平均時速是4㎞，則一天可以走32㎞（以一天走八小時來計算）。如果把速度略為加快，並省下休息時間做急行軍時，行走距離則可達40～50㎞。

因為背包中裝的是不會馬上用到的雜物，所以也有在長距離移動時全部放在車上的做法。如此一來身上只需佩戴戰鬥裝備就行，就算被突襲也可以馬上反應，進入戰鬥狀態。

背包中的東西

士兵不該背負超過體重1/3的裝備。
裝備應該壓在20kg左右。

背包中裝的是武器彈藥以外的雜物

- 內衣之類的換洗衣物（經防水處理）
- 雨披或兩件式雨衣
- 飯盒或托盤、筷子、叉子等個人餐具
- 毛毯或睡袋等寢具
- 軍糧（有分配時）
- 私人物品（零食或香煙、書等等）

※私人物品都是在「默認」下帶進來的東西，因此太大或過重的東西是不被許可的！

●為了背負大量裝備所下的工夫

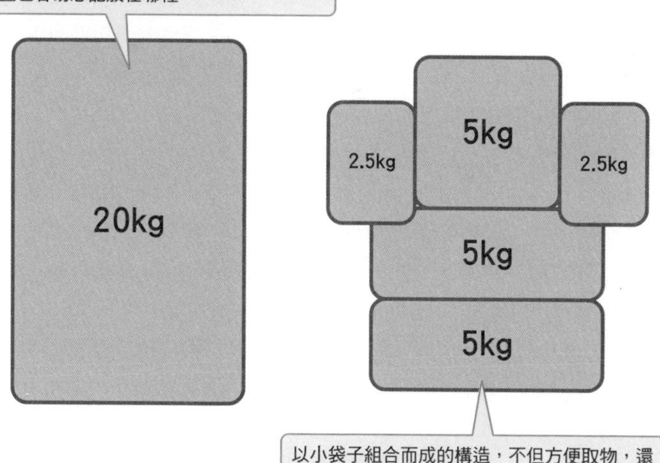

小知識

指稱背包的單字相當多，這是因為Rucksack（德語）、Backpack（英語）、Knapsack（英語）、Racksack（美語）等有背包之意的名詞全被混在一起的原故。

No.052

戰術背心的口袋裡裝有什麼？

被稱為「Tactical Vest」、「Assault Vest」等的戰鬥用背心，有許多大小不同的口袋，這其中收納著哪些裝備呢？

●腰帶組上的裝備幾乎全可放進去

在過去，步槍的備用彈匣或手槍槍套、**水壺**、**醫療**包等戰鬥中使用頻率高的裝備品，是配戴在由彈帶和吊帶組合而成的**腰帶組**上面。

在行軍時背上**背包**的話，背上就沒有多餘的位置來佩戴東西，所以戰鬥裝備必需放在其他的部位。另外因為腰部離身體重心較近，即使戴著很多東西還是可以保持安定，並且可以方便快速地拿取東西。

但是腰帶能攜帶的裝備品數量有限。特別是當可以自動發射的突擊步槍登場後，步兵攜帶的步槍彈藥數增加，掛在腰間的話會太過沉重。

美軍因此研發出了「Load－bearing背心」。背心前4面有個可以裝入M16步槍彈匣的口袋（可以裝入2個彈匣的口袋有2個、裝入1個彈匣的口袋有2個），可以迅速地更換彈匣。以這種背心再加以改良的就是被稱為「戰術背心」的裝備。

戰術背心不只可以把彈匣裝在口袋中，所有表面的部分都有收納裝備品的功能。比起只有腰帶周圍可以佩戴物品的腰帶組，活用背心表面的戰術背心，攜帶量更多，而且可以依使用頻率高低，把備用彈匣放在前方，較不重要的醫療包等放在側邊或後面。

背心使用的材料是尼龍等堅固的化學纖維，也有網狀的背心。戰術背心原本是為了裝備品多的特種部隊而研發的產品，現在已經普及到連一般士兵也能使用了。

戰術背心的內容

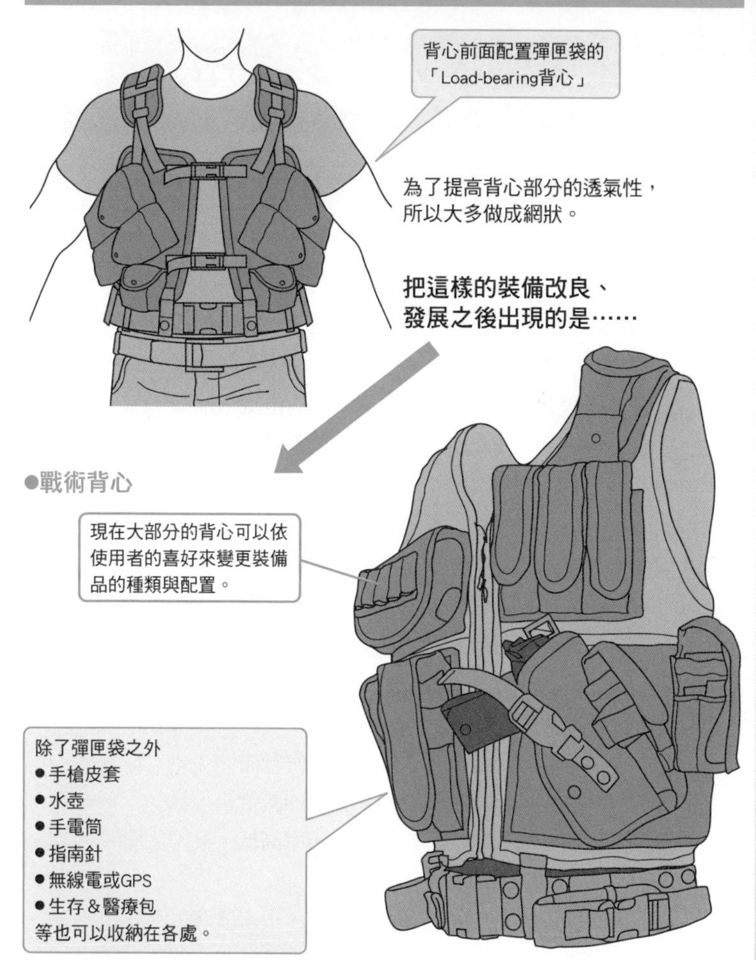

這種戰術背心沒有公認的定義。只要是設計成可以有效率地攜帶武器、彈藥與各種個人裝備，並像衣服般穿著的背心狀裝備都可以稱為「戰術背心」。

小知識

有些戰術背心也兼有防彈背心的功能。這種背心還可以藉著收納的裝備品來減低傷害，有雙重防彈效果。

No.053

彈匣袋可以裝入多少備用彈匣？

自從可以連續射擊的突擊步槍成為步兵的標準裝備後，收納備用彈匣的彈匣袋就成了必帶的裝備。這種袋子可以裝入多少彈匣呢？

●一個袋子可以裝入1～3個彈匣

彈匣袋是士兵用來攜帶步槍、手槍的備用彈匣的袋子。尤其突擊步槍之類可以連續射擊的槍器，彈藥用完的話就必需立刻換上備用彈匣。如果士兵攜帶的彈藥數目不夠多，那步槍的火力也就無用武之地了。

因此士兵必需攜帶更多的備用彈匣才行，這時就需要可以裝彈匣的東西。比起一般的袋子或口袋，如果是裝在專用的、可以在戰鬥中快速取出彈匣的袋子中，那戰鬥力就可以更加提高。而且如果把彈匣袋設在腰部或胸前等容易拿取的位置，就可以更迅速地交換彈匣。

彈匣袋的形狀是配合彈匣而製作的，因此M16用的備用彈匣通常裝在M16步槍用的彈匣袋裡。但一般來說，使用同尺寸的彈藥的彈匣在外形上多半大同小異，所以如果彈藥尺寸相近的話，彈匣袋也有某種程度的互換性。

軍用槍的彈匣袋，有可以收納2～3個備用彈匣的大型袋，也有只收納1個彈匣的薄型袋。現在大多是把這兩種袋子混搭著使用，攜帶4～6個彈匣。為了防止灰塵或垃圾跑彈匣中，袋上會有袋蓋。彈匣袋在以前是以皮製品為主流，現在則幾乎都是尼龍製品。

手槍用的彈匣袋，由於攜帶的彈藥數不像步槍那麼多，裝彈速度需比步槍更快，再加上注重攜帶性，所以把複數備用彈匣裝成一袋的情況比較少。即使需要攜帶數個彈匣，通常也是採取把複數的單個裝彈匣袋佩帶在身上的方式。

彈匣袋

突擊步槍的標準是一個袋子裡裝入2～3個彈匣

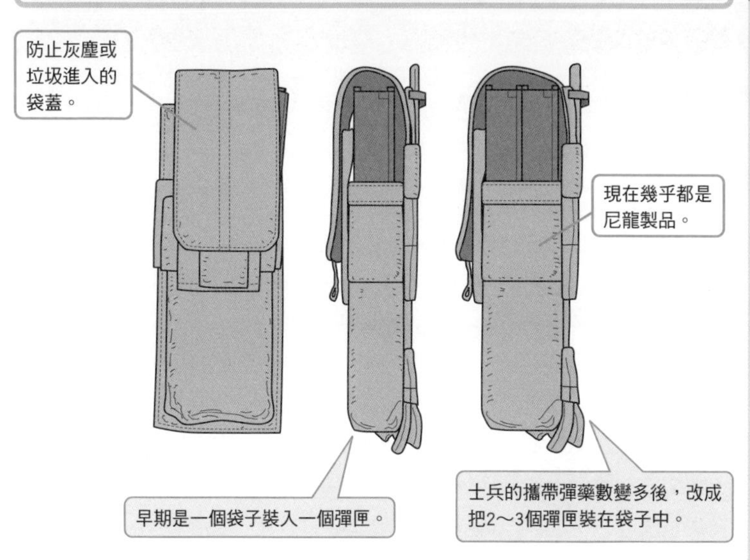

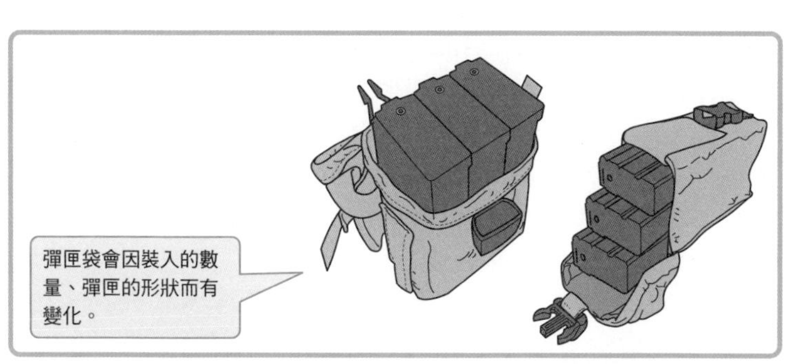

為了不讓彈匣掉出來，袋蓋上會有鈕扣、雞眼扣、黏扣帶或樹脂製的扣環等各種固定用具。

小知識

也有讓彈匣露在外面，沒有袋蓋的彈匣袋，這種型的彈匣袋內部有樹脂製的固定裝置，可以夾住彈匣。

No.054

手榴彈可以直接掛在身上嗎？

在電影中，「從越南回來，一人可以帶替一個部隊」之類的角色的身上各處會掛著許多手榴彈。就算是虛構的故事，但像那樣把手榴彈掛在身上，真的沒關係嗎？

●只要引信沒有啟動就不會有危險

手榴彈是士兵在近身戰時使用的小型炸彈。是如字面上表現的，以手投擲的榴彈，也稱作手擲彈。現在的主流形狀是球型或鳳梨型，但在第二次世界大戰時也曾有附帶手柄的類型。

把手榴彈直接掛在身上的攜帶方法，從手榴彈普及化的第一次世界大戰時就開始了。當時的士兵必需儘量多帶手榴彈以對付塹壕戰。因此在塹壕戰中活躍的**風衣**上也設有許多可以佩掛手榴彈用的「D環」。

手榴彈的確是小型的炸彈，但裝填在其中的火藥（炸藥）在化學方面是很安定的。手榴彈必需以引信這種點火裝置才能引爆，所以就算榴彈被流彈或炮火的碎片擊重，也不會因此爆炸。

攜帶手榴彈時要注意的，不是攜帶時直接把榴彈掛在身上這件事，而是防止引信啟動的安全裝置——安全栓。手榴彈的安全栓被拔起後，原本鎖住的撞針會變成可動狀態，在榴彈離手後，榴彈內部會因為彈簧的撞擊力而點燃引信。當榴彈變成這種狀態後就無法阻止其在數秒後爆炸的事，飛散的榴彈碎片會殺傷四周的人。

由於安全栓夾得很緊，因此不用力的話是不會被拉開的。但在越戰之類的叢林戰中，曾發生過不少直接佩掛的手榴彈的安全栓被樹枝勾住而拉開的意外事故。

因此現代的手榴彈已經改成裝在袋子中攜帶。原本手榴彈就不是立即性的武器，需要經過數秒（3～5秒後）才會爆發，所以雖然把手榴彈從袋子中取出會花上一點時間，但結論還是以安全為優先。

手榴彈的攜帶方法

● 風衣上的D環

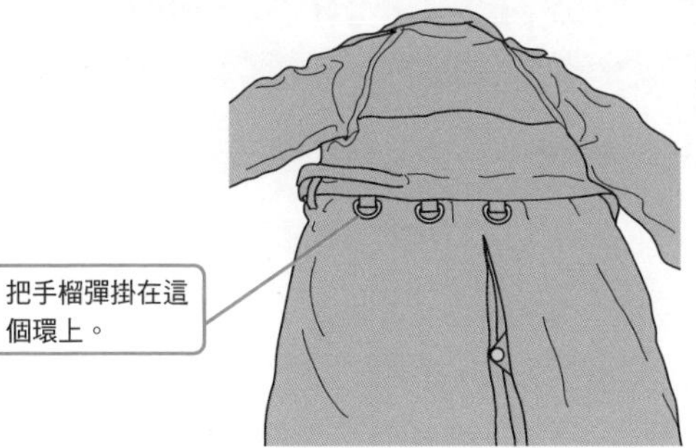

可怕的是不小心拔掉了安全栓這類的誤爆。

● 以彈匣袋的口袋來固定手榴彈

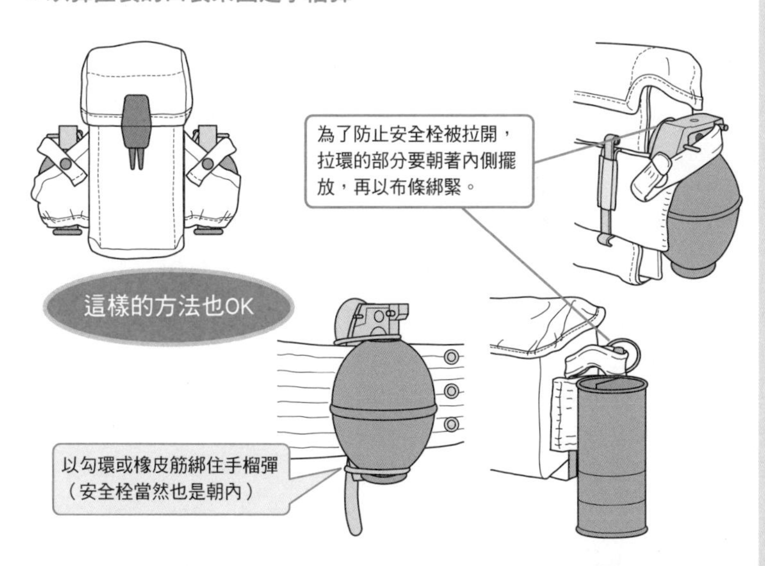

小知識

手榴彈的引信不只有啟動後數秒後才會爆炸的類型，也有在受到衝擊時爆炸、拉開保險栓後馬上爆炸的種類，所以使用時要注意。

No.055

護甲和防彈背心是不同的裝備嗎？

以字面來看，護甲是重裝備，防彈背心則是背心狀的裝備。但兩者的名稱會因使用的組織或製造商而混在一起，所以很難明確區別它們的不同。

●防碎片，或防彈

護甲或防彈背心，都是以克維拉或Aramid等對拉扯的耐性很強＝不容易破裂的化學纖維重疊製成，用來防止飛來的東西穿入身體裡的裝備。在一般印象中，肩部和領子都會保護到的重裝備是護甲，背心般的輕裝備是防彈背心。為什麼會有這種差異，是因為兩者的使用目的不同。

防彈背心顧名思義，是用來擋住手槍子彈的背心。被槍打中時，可以藉著背心的防彈效果擋住子彈，來保護穿著背心的人。

但防彈背心的防彈方式並不是把子彈彈開，而是以化學纖維把子彈擋下，所以中彈時的衝擊（動能）是無法抵消掉的。也就是說防彈背心的防彈方式是以非常不容易破裂的細網製作成背心，攔下子彈不讓它擊入體內。

但就算子彈沒有穿入體內，中彈的衝擊力與打中身體的子彈還是會對身體造成傷害。為了改善這個問題，也有在其中加入可以吸收衝擊的材料的厚墊型防彈背心，但這種防彈背心比較較厚，穿在衣服裡的話會很醒目。

相反地，護甲是用來防禦炮擊戰中的炮彈碎片的裝備。因為碎片不會總是從前方飛來，所以在設計上，柔軟的腰間或腹部、人體要害的頸部等，都會儘可能地包覆起來，這是護甲的重點。

護甲的「以克維拉等纖維重疊起來防止東西穿透」的想法和防彈背心相同，因此也可以保護身體不受子彈傷害，但因為護甲的主要目的是防止被碎片擊傷，所以防彈能力大多比防彈背心低。

護甲和防彈背心的不同

護甲和防彈背心的穿戴目的（用途）不同

護甲

＝防止被炮擊的碎片打傷

盡可能地把覆蓋身體的面積加大至腰間和頸部等部位。

在戰場上，比起步槍，更恐怖的是被炮擊的碎片打中，所以士兵大多會穿著護甲。

防彈背心

＝防止被子彈穿透。

有時會穿在衣服底下，所以不會太厚。

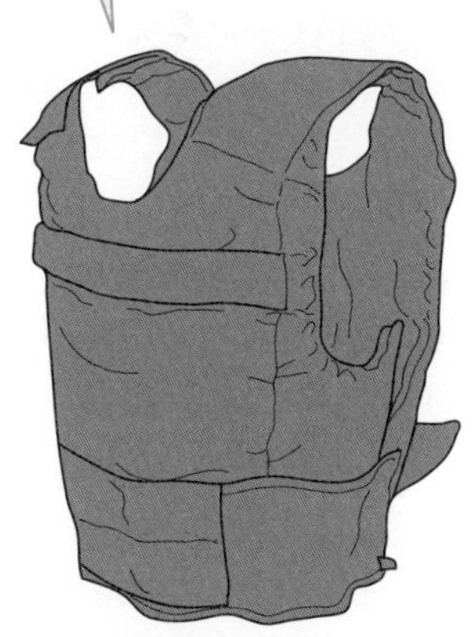

可以阻擋子彈，所以在保護要人的SP或警察的戰鬥部隊中很受歡迎。

兩者的使用素材都是克維拉或Aramid等防彈纖維。

有外型像防彈背心的護甲，也有以護甲為名販賣的防彈背心。因為生產商的銷售策略與軍方採買上的問題，兩者的名稱常會混淆在一起。

小知識

穿在防彈背心之下的衣物如果有扣子或拉鍊等硬物的話，會無法分散衝擊力而導致穿戴者受傷。把防彈背穿在衣服外面時要特別注意這點。

No.056

防彈背心擋不住步槍子彈？

「因為穿著防彈背心，所以我被子彈打到時沒死。」——這是常聽到的劇情，但防彈背心真的是這麼強大的裝備嗎？不管哪種子彈都能擋下來嗎？

●主要的預設對象是手槍子彈

「防彈背心可以擋下子彈」是大多數人對它的印象，但其實防彈背心並不是無敵的，而且它的「防彈」效果意外地低。

美國的「NIJ」研究機構把穿著型的防彈裝備依性能分為Lv.Ⅰ～Lv.Ⅳ四個等級。在影劇中常見的，因為穿了防彈背心所以沒死的劇情能夠成真的，只有到Lv.Ⅱ而已（因為Lv.Ⅲ以上的防彈背心無法瞞著別人偷穿在衣服裡不被發現）。

防彈背心的原理是以克維拉之類的化學纖維緊密織成的網狀布料來阻擋子彈，因此前端較尖的步槍子彈是擋不下來的。而且步槍子彈的加速用火藥（發射藥）比手槍子彈多，所以子彈的速度也無法相提並論。

防彈這個詞給人可以完全阻止子彈威力的感覺，但其實防彈裝備並不能把傷害降為零，只能減低傷害而已。（所以有些資料並不把這種裝備寫成防彈背心，而是「抗彈」背心）

如果想以防彈背心來擋住步槍子彈，就得在衣服內部裝上金屬或陶瓷片來把子彈彈開。有些Lv.Ⅲ～Lv.Ⅳ的防彈背心就是以這種方法來達成對步槍子彈的防禦力，在紛爭多的地方穿戴使用。

另外，高等級的防彈背心為了提高防禦力，會加入很多填充物而使厚度增加，造成行動時的不便。因此穿的人需要依現場的情況來隨機應變，決定是否要把防彈板拿出。

防彈背心的防彈能力

NIJ規格的防彈排名（※NIJ=National Institute of Justice。美國聯邦司法協會）

把這些種類的子彈各擊發5次（Lv.Ⅳ只需1次），各發的間距為4英寸（約10公分）。沒被穿透的產品就是合格的產品。

手槍彈藥等級（射擊距離5公尺）　**測試時使用的彈藥**

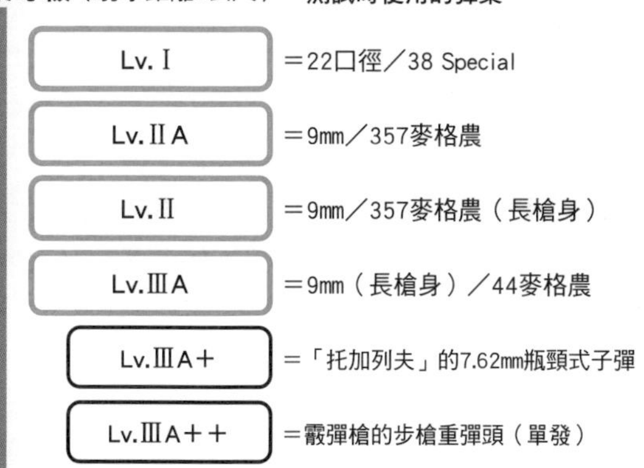

步槍彈藥等級（射擊距離15公尺）

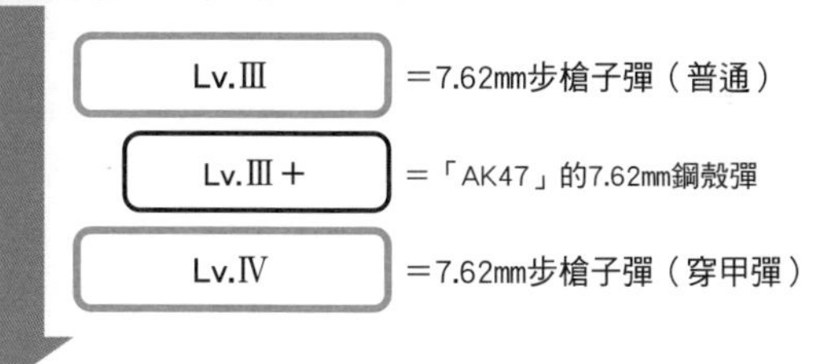

想要具有能夠抵擋步槍子彈等級的防禦力的話，就得在防彈背心內裝上防彈板才行。

※「托加列夫」是手槍名，「AK47」是突擊步槍名。

小知識

除了NIJ規格外，美國的「UL規格（美國保險商實驗室）」也很有名。除此之外還有德國的「DIN」或英國的「BS」等機構，會依各國工業規格來訂定標準。

No.057

防彈背心有使用期限？

保護身體不被子彈穿入的防彈背心，並不是永遠能用的東西。能有效發揮功能的期間有限，如果使用方式或保管方式不當的話，壽命會更短。

●主要原因在於防彈素材的劣化

一般警察組織等使用的防彈背心，壽命大約是三年左右，過期後就必需換新。防彈背心的主要素材——克維拉這種化學纖維，對日光的直射很弱，所以照射的光線量越多，素材的劣化就會越快。

但就算受到妥善管理，還是無法阻止防彈素材的劣化，因此大約經過五年，防彈背心就會因為纖維的劣化而使防彈功能低下了。

此外克維拉對水也很弱，濕掉的話，防彈能力會降到極低。所以防彈背心的表面都會施加防水處理。但也因此，防彈背心的透氣性相當差。

被擊中過的防彈背心，也不能繼續使用。纖維狀構造的克維拉，是以網目的部份纏住子彈，來吸收動能。因此中彈部份的纖維會龜裂，當子彈再次擊中附近時纖維會因此斷裂而使子彈穿透。

一般的防彈背心被許多發子彈連續攻擊時，如果中彈位置之間沒有「彼此相隔4英寸（10.16公分）」的話，就無法發揮預期中的防彈效果。

對光、水都弱，而且會隨著時間劣化的，不只防彈背心而已，所有使用克維拉纖維的防彈裝備都有這個特徵。因此PASGT頭盔等裝備也必需經過一段時間後就更新、並且注意使用方式。

經過3年後要交換時

防彈背心的使用期限是3年左右

理由

防彈部分的主要素材──克維拉會因為時間而劣化。

克維拉纖維對光很弱，
就算妥善保管還是無法阻止其劣化。

其他還有……

被水弄濕或泡在水裡的
防彈背心

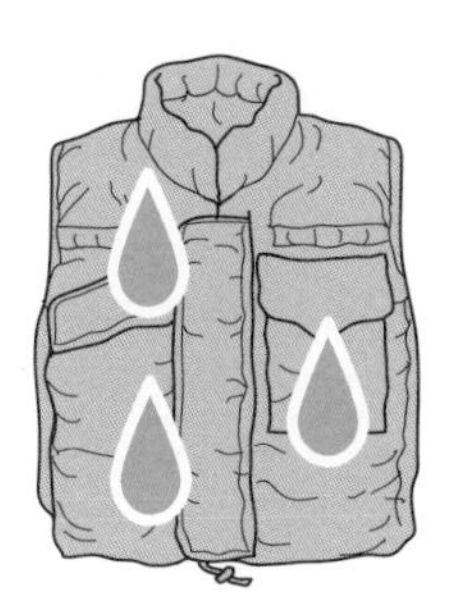

被擊中過一次的
防彈背心

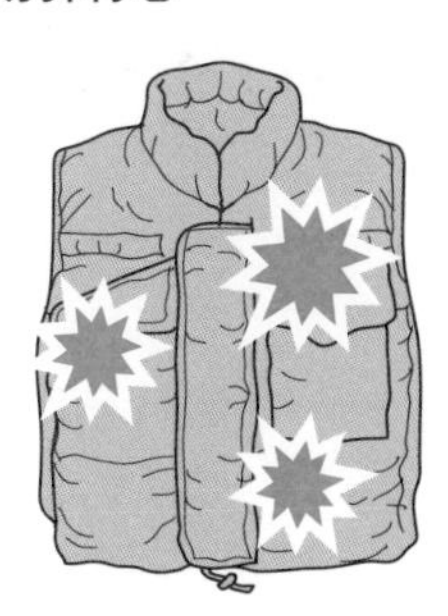

這樣的防彈背心全部是必需更換的對象。

小知識

有「德國佬」外號的美軍PASGT頭盔的套布是標準裝備，但這是用來偽裝，並沒有防止克維拉纖維劣化的意圖在。

No.058

為什麼要在手肘和膝蓋穿戴護具？

現代戰爭中的士兵，手肘和膝蓋都會戴著美式足球選手般的護具。為什麼在遠處以槍互擊的士兵需要戴護具呢？

●護具

現代的士兵們並不像中世紀的騎士或美式足球選手一樣需要肉體碰撞，但在膝蓋或肘部穿戴堅固護具的模樣卻很常見。除了擁有最尖端裝備的特種部隊外，近年來穿戴護具的一般士兵也變多了。

覆蓋在手肘或膝蓋上的護具，給人的第一印象是「保護這兩個部位」。為了不讓堅硬的牆壁或尖銳的岩石弄傷身體，護具的外側堅硬，有甲殼般的保護效果，內側則有墊子般的東西，用來吸收、緩衝傳達到身體上衝擊。

如果問士兵穿戴的戰鬥用護具，除了吸收衝擊、保護身體外還有什麼特殊功能的話，答案是沒有。但護具雖然只是單純地保護手肘、膝部在衝擊中不受傷害的道具，可是這不受傷害的效果，在生死交關的情況中是不可小看的事。

戰場上所做的瞬間判斷、行動會影響到士兵的生死。例如明明是不走快一點不行的情況，但士兵腦中卻有著「……說不定膝蓋會因此受傷」之類的念頭的話，即使這想法只有一瞬間，但還是可能造成悲劇。

這時如果能「因為戴著護具，所以就算操一點也不會受傷」，如此地自我暗示的話，也許就能迅速而且毫不猶豫地行動了。士兵戴的柔皮或厚布做成的手套也有同樣的功能。

前腕部和小腿、肩部的護具似乎和保護身體不因激烈的動作受傷無關，但在不小心跌倒或從樓梯滾落時則能發揮保護的效果。

保護手腳的護具

穿戴護具的理由

- 保護手肘和膝蓋
- 帶來「動作激烈一點也無所謂」的心理效果

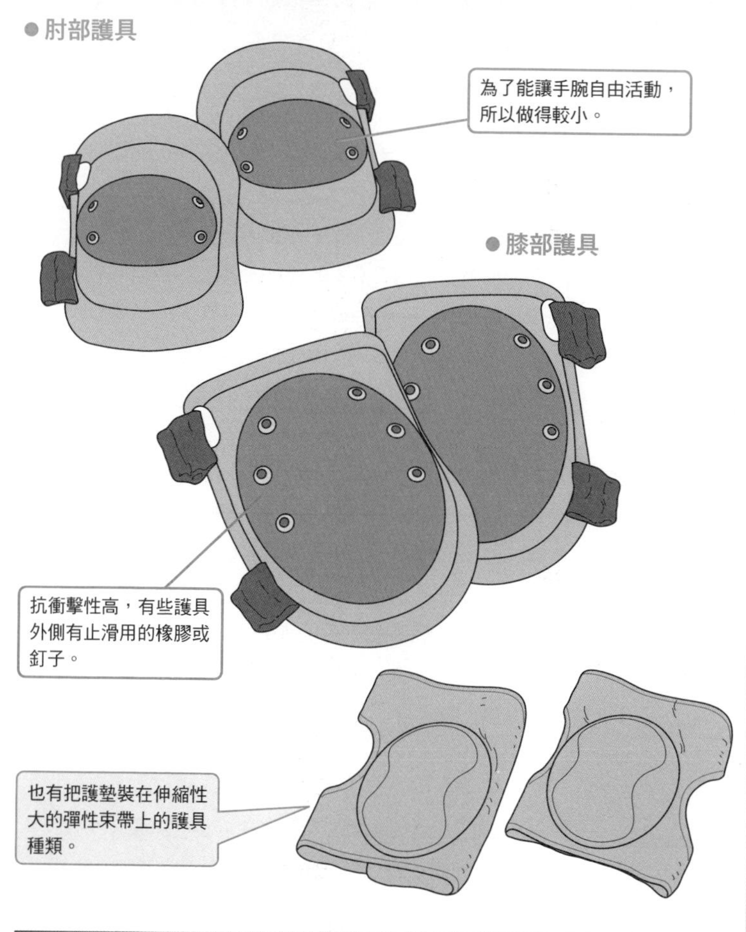

小知識

警察的特種部隊或鎮暴部隊等穿戴的護具中，有些為了對應格鬥或被丟石頭等的情況，所以做成全身包覆的形式。

No.059

水壺可以裝入多少水？

在個人裝備中，水壺是很重要的東西。水是人類活動不可或缺的要素。古時候是以動物的胃加工而成的袋子或經過防水處理的小型木桶來裝水，現在則有錫或鋁等的金屬製水壺。

●不帶著水的話無法戰鬥

水壺是用來攜帶水和飲料等的容器，軍隊的士兵用水壺大約可以裝入一公升的水。

只要不是特種部隊之類需要長時間單獨行動的士兵，帶著複數的水壺行動的情況並不多。不過也有像衛生兵般，為了讓意識不明的士兵醒來或清洗傷口，所以帶著2個以上的水壺的例子。

除了上述狀況之外，水還有在受到毒氣攻擊後把毒氣的成分洗掉的用途，所以在能補充水時，士兵都會希望能夠把水壺裝滿。

水壺的材質，在過去是以動物的胃袋或皮革、竹片、木頭等材質來製作。作為軍用品大量生產的水壺，則是改以鋁之類的輕金屬來製造。

現在的主流是更輕、更堅固的樹脂製水壺，但不管是哪種水壺，都會以帆布或尼龍的布套包住。布套的功能與其說是保溫，不如說是為了保護水壺以及防止反射。水壺下方有可以兼作固定器具用的重疊式水杯。水壺可以是樹脂製品，但水杯都是金屬製造，所以可以放在火上煮開水。

水壺是以金屬鉤掛在腰部的**手槍腰帶**上攜帶。以長繩帶斜掛在肩上的攜帶法，可能會導至裝滿水的水壺在激烈動作時彈來彈去，造成行動上的防礙。

可以攜帶大量的水，而且運動時不會妨礙行動的水壺稱為「水合系統」。這是一種背負式、薄且平坦、柔軟的軟塑膠水壺，吸管可以被拉到嘴邊飲用。

水要常裝滿

水壺的容量大約是一公升左右

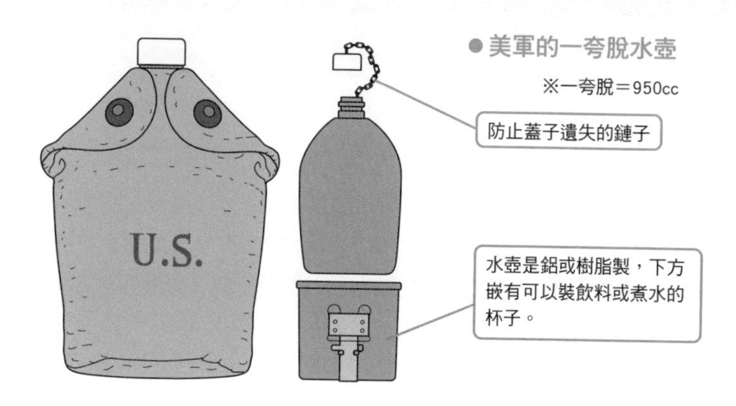

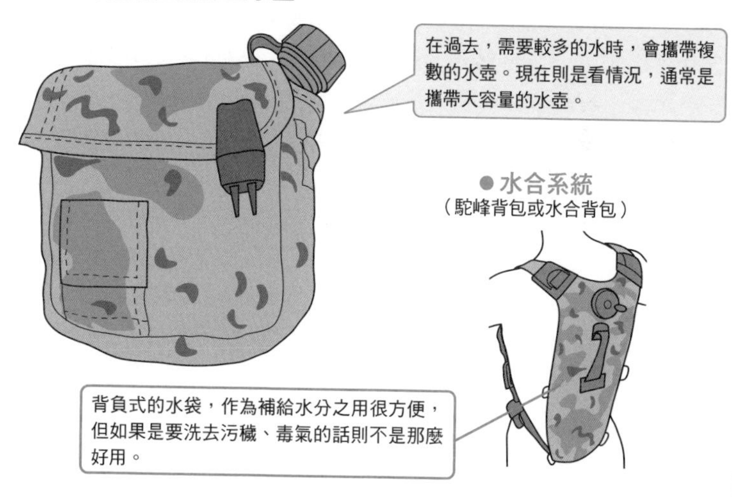

小知識

目前，為了保證飲水不會被污染，把未開封過的保特瓶水直接裝在固定具上行動的情況也變多了。

No.060

飯盒是日本發明的嗎？

飯盒的「飯」，是米飯，「盒」，是容器的意思。飯盒是用來裝飯菜的容器，早期的上了漆的錫製便當盒是不能在火上加熱的。

●從歐洲傳來的調理器具

有一句日文俗語叫「飯盒炊爨」，是指用飯盒來燒火煮飯的意思。也許是因為這句話在露營方面太有名了，造成一般人有「飯盒是用來煮飯的器具」這樣的印象。但飯盒並不是誕生在日本的調理器具，而是明治時代傳來的舶來品。

當時的日本軍隊，從裝備到戰術全是模仿西洋的形式，因此分配給士兵的食物也是餅乾類的東西。飯盒也和軍服、裝備一樣，是從那個時候開始使用的，用法和便當盒（餐具）沒什麼兩樣。

但後來「沒吃飯就沒有體力」的聲音出現，軍隊開始發配白米，鼓勵士兵當場煮飯。明治31年，飯盒改成鋁製品，可以個別地煮飯。但這種飯盒也不是日本的獨創品，是模仿德國製飯盒而成的產品。雖說是模仿，但整套設備都是向德國下單訂製的東西，所以與其說是模仿品，還不如說是輸入品。

這種飯盒是以輕金屬製造，所以可以在火上使用，但原本的目的並不是為了煮飯。德國和其他的西方國家，會把配給的湯裝在飯盒裡加熱食用。湯是燉了蔬菜的湯，用餐時把像餅乾般堅硬的麵包浸在湯中食用。

蓋子的部分可以代替平底鍋，有折疊式的握柄。飯盒本身是蠶豆的形狀，如此一來掛在腰邊時比較好固定。

這種德製飯盒是當時歐洲各地都在使用的東西，不是德國的獨創發明。

可以煮飯

以飯盒來煮飯也許始自日本，
但飯盒本身是舶來品。

● 早期的便當盒型飯盒

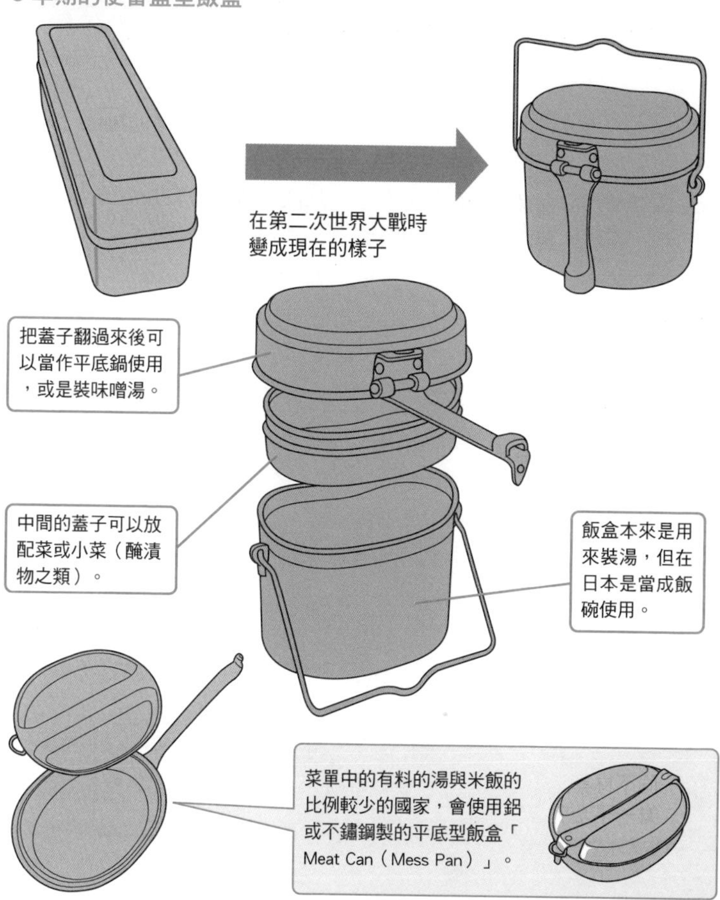

小知識

第二次世界大戰時，日本軍製作了雙層飯盒。把上下兩個飯盒重疊在一起，可以一次煮二倍的米飯，或是同時煮飯和湯。

No.061

步槍上的長帶子的用途是？

步槍上的帶子被稱為「背帶」或「Sling Belt」、「背負帶」等等，是以垂吊為目的的帶子。單純稱為Sling時，可以想成是把槍吊起來的細繩子。

●搬運槍，或是射擊時保持安定之用

背帶是為了方便搬運步槍之類既長且重的槍器而使用的道具。步槍或機槍因為尺寸的原故，在攜帶上不是那麼的方便，所以在非戰鬥狀態時會以背帶來搬運步槍，以減輕疲勞。

裝在背帶上後，沉重的槍枝可以垂掛在肩和背上，在行軍時或待機時即使不雙手托槍，也可以讓步槍保持在安定的狀態。

背帶大多是以細長的帶子扣在槍的兩端而成，早期的帶子是皮製，現在則是以棉或尼龍製的背帶為主。通常是以環扣、D環等金屬工具把背帶和槍枝連結在起來，但狙擊兵為了不發出金屬噪音，所以會以扣子和皮帶來連結兩者。

背帶也可以在戰鬥時使用。尤其是機槍和突擊步槍、衝鋒槍等可以自動發射的槍器（不屬於單人使用的「重機槍」則不包含在內），可以藉著背帶在連射時提高射擊的安定性。把背帶掛在肩上，把槍底在腰部，可以在連射時降低槍的反座用力。

這種用來掛大型而且有重量的槍的肩帶，為了不讓肩部負擔太大，帶子的幅度會做得較寬，也會裝有減壓墊來防止帶子陷到肉裡。

現在的背帶還加上了吊帶的功能，可以抑制後座力並且能快速改變成射擊態勢。這種背帶被稱為「三點背帶」、「戰術背帶」，在設計上可以把槍從抵在腰部的狀態下迅速改變成抵在肩部來狙擊；而且手放開槍時，槍口的方向也不會改變。

背帶是在行動或戰鬥時固定槍的道具

●拉緊背帶的持槍法（Loop Sling）

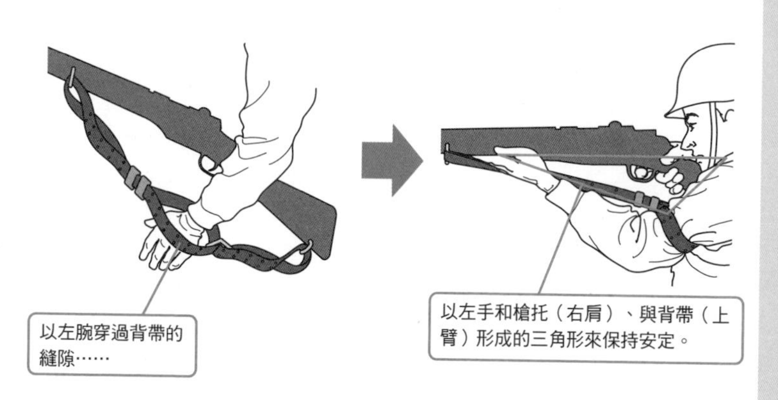

小知識

像機槍般的大型槍器，背帶會陷到肉裡，所以有時會把毛斤捲在背帶上做補強。

No.062

不論什麼身體哪個部位都可以裝上的槍套是？

槍套是收納手槍的套子。在步槍之類主要武器的子彈用完時，為了可以迅速取出手槍繼續戰鬥，所以槍套都是配戴在腋下或是腰部等易於伸手拿取但不會在行動時造成妨礙的部位。

●在特種部隊或民間軍事公司中很受歡迎

有一種名為「Conversion Holster」的槍套，能夠調整皮帶的長度，或以附件及黏扣帶調整位置與長度，可以佩戴在身體的任意部位。

一般的槍套有：掛在肩上的肩掛槍套、掛在腰部接近屁股位置的腰掛槍套、掛在大腿的腿掛槍套、掛在腳踝付近的小腿掛槍套等等，依佩戴的位置來為這些槍套分類與命名。

這些類型的槍套各有優缺點。例如肩掛槍套可以把槍隱藏在懷中，但沒辦法立即拔取。腰掛槍套可以快速拔取，但平時無法隱藏住槍枝。小腿掛套槍只能裝備小型槍……等等，各有長短處。

這些槍套必需配合用途來選擇使用，槍套也不能通用。因為肩掛槍套不能裝在腰帶上，腰掛槍套也不能藏在上衣裡面。

但Conversion Holster不一樣，它可以藉著轉換零件自由地掛在肩帶或腰帶等部位，只要一個槍套就可以發揮所有專用槍套的機能。

Conversion Holster的材質很少是皮革，大多是Kydex或尼龍等的化學素材。這些素材既輕，強度又夠，所以能把槍套做得輕薄短小，而且很適合和黏扣帶搭配使用。黏扣帶可以固定長度和角度不同的東西，可以隨使用者的需要來做細微的調整。

可以自由變換零件的組合

一個槍套可以裝在身體各個部位。

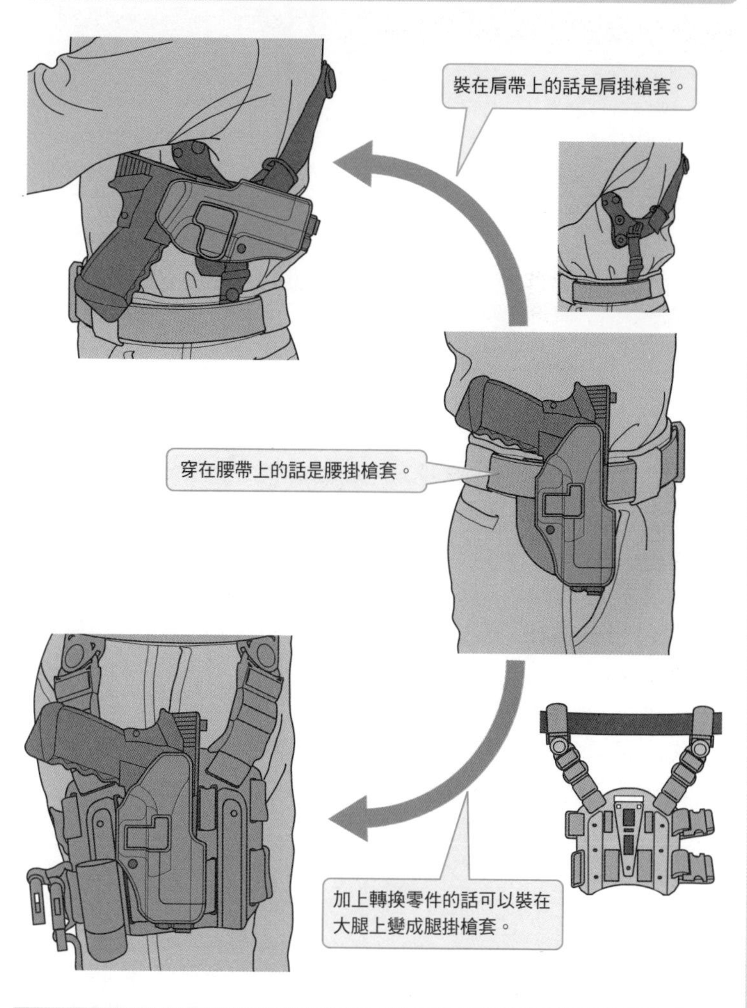

小知識

「肩／腰部兼用」的槍套在過去就已經存在了，但因為定位不明，所以在實戰中使用起來不是很方便。

No.063

有和槍合為一體的槍套嗎？

槍套是用來攜帶手槍的收納用道具。槍托是用來加強射擊精準度的穩定用道具。把這兩種用途截然不同的道具合而為一的就是「肩托槍盒」。

●槍托兼槍套

平時是槍套，用來收納槍枝，遇到戰鬥時把槍套和槍枝連結起來，作為槍托使用的裝備叫做肩托槍盒。

如果是步槍之類長度較長的槍器，就可以確實地把槍托抵在肩口來進行狙擊。但手槍不但小型，而且長度無法抵在肩上，所以不能作為狙擊之用。因而出現的是可以附加在手槍握柄上的槍托，用來提高射擊的精準度。

這種構想似乎在槍器設計者間有一定的共鳴，因此直到第二次世界大戰為止出現了許多可以裝上槍托的手槍設計。但槍托沒裝在槍柄上時，會變成無用的長物。因此出現了把槍托中間挖空來放置手槍，兼作槍套使用的想法。如此一來可以一舉兩得。

雖然手槍的命中率因為追加的槍托而提高了，但威力和命中率終究還是比不上步槍。而且裝上槍托，變得大型的手槍，就失去手槍這種武器的最大優勢：小巧了。

肩托槍盒的製造較為耗時，而且不能以皮革或尼龍之類柔軟的材質製造，因此佩戴在腰部時很不方便。這樣的缺點和可以提高命中率的優點，兩者相衡之下，缺點還是大於優點，因此，目前已經沒有廠商繼續製造肩托槍盒了。可以裝上槍托的手槍成為少數派，只限於一部分全自動（可以像機槍一樣自動發射）或爆裂（扣一次扳機可以射出2～3發的子彈）的手槍才有可能裝上槍托。但這些槍的槍托是為了提高射擊安定性而使用的，不像肩托槍套那樣，是為了攜帶的便利性而把槍托兼作槍套使用。

肩托槍盒

手槍的尺寸小所以無法抵在肩上進行瞄準

加上和步槍一樣的槍托的話就可以瞄準了吧？！

槍托在不使用時很佔空間，不然乾脆做成槍套好了

肩托槍盒誕生

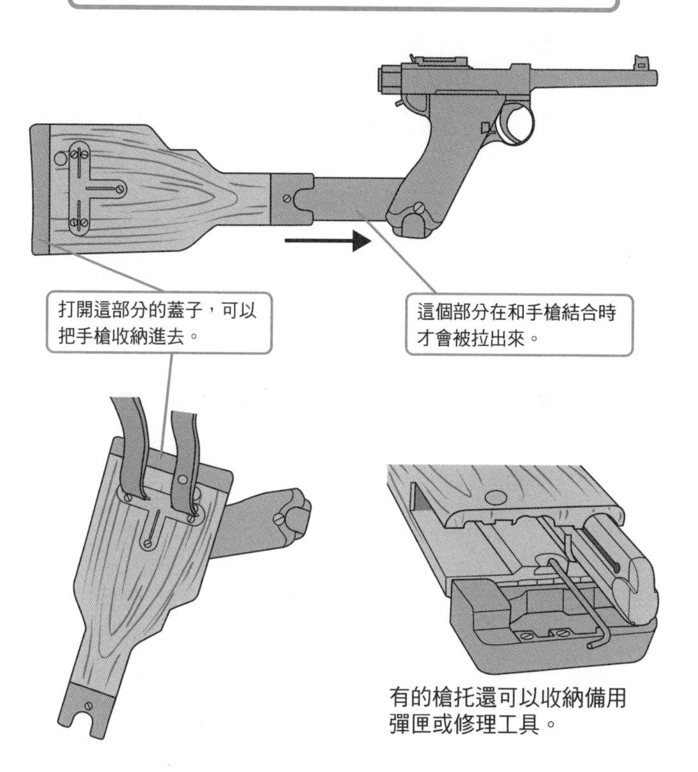

小知識

以肩托槍盒聞名的手槍是「毛瑟手槍」，其他像是「白朗寧Hi－Power」、「柯爾特Government」等有名的手槍也有許多的對應用肩托槍盒。

No.064

沒有袋蓋或扣子的槍套是安全的嗎？

特種部隊的隊員或警察使用的槍套中有一種是樹脂製槍套。和一般的槍套不同，樹脂製槍套沒有袋蓋或其他的固定用具，但這樣的話手槍不是很容易就會滑出或掉落嗎？

●以樹脂的彈性來夾住手槍

槍套是用來收納槍——尤其是手槍——的裝備。為了能夠安全地攜帶手槍，不讓它在活動時滑落掉出，所以槍套上通常會有固定用具。固定用具通常是套蓋或套帶的形式。

但槍套同時也有為了迅速拔出槍而存在的支撐物的意義在。以這種觀點來看的話，套蓋或套帶會在拔槍時造成阻礙。確實地把槍固定、快速地拔出槍，可以同時達成這兩個看起來互相矛盾的要求的槍套是，以名為「Kydex」的合成樹脂製成的Kydex槍套。

這種槍套不是以套蓋或套帶來固定手槍，而是以本身素材的彈性來夾住槍。利用Kydex的特性（會因外力而變形，但外力消失後就會變回原狀的性質）而完成的槍枝固定力相當大，就算跑跳或是倒立，槍都不會因而掉落。但同時，只要握住槍柄一抽，就可以簡單地把槍從槍套中拔出，不需要花時間解開釦子，就可以迅速進入射擊態勢。

但槍套的套蓋還有不讓灰塵和水跑進槍中的功能，所以Kydex槍套不是在所有的情況下都適合使用。但如果使用的是堅固的軍用槍或有能妥善保養槍枝的環境的話，這也就不是什麼大問題。

樹脂製的槍套雖然堅固又輕便，但必需依照槍枝的形狀來製作。一般的槍套是，只要槍枝間的尺寸差異不是很大，就可以用同一個槍套來裝入各種手槍，但Kydex槍套則不行。

Kydex槍套

一般的槍套是以套蓋（Flap）或
套帶來固定槍枝……

○可以確實固定住槍
×容易拔取
○通用性

套蓋式

套帶式

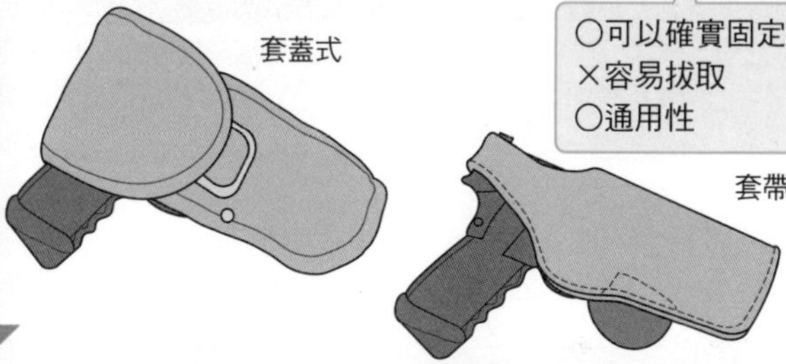

Kydex槍套是以樹脂的
彈力來夾住槍枝

○可以確實固定住槍
○容易拔取
×通用性

這個部分的凹陷可以
完全嵌住護弓的洞。

樹脂製品很堅固，
但不耐熱。

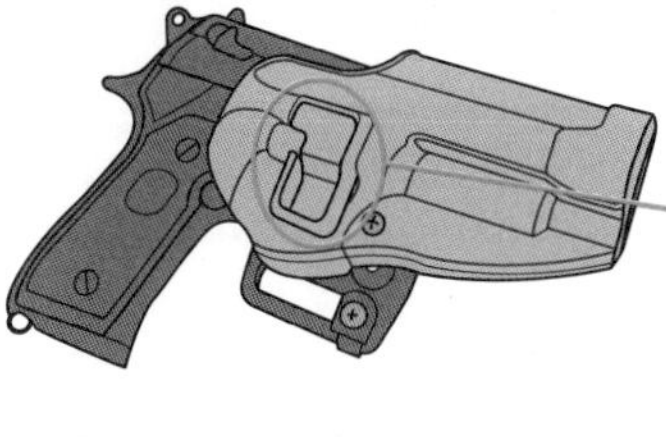

「SERPA槍套」的扳機處設有上鎖
機構，可以防止槍枝不小心滑落。

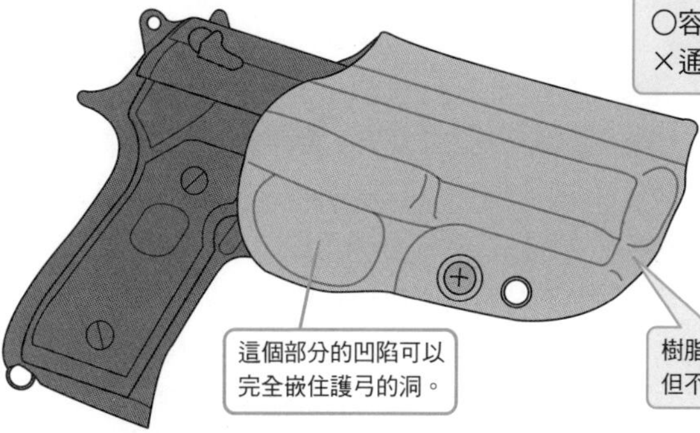

小知識

Kydex的特色是耐水也耐寒，但並不耐熱。美軍曾把Kydex槍套帶到伊拉克使用，但後來因為炎熱而使槍套變形。

No.065

手錶不適合用在軍事方面？

在戰鬥中，只要稍微動作一下就可以確認時間的手錶是為了軍隊而發明的裝備。現代的手錶內藏各種高科技機器，因此奠定了它的地位。但在早期，手錶時常故障，所以不被士兵信賴。

●軍用錶所要求的條件

錶是軍官與士兵用來把握作戰時間的必要裝備。軍用錶所要求的條件有很多，其中最重要的是：不會因水、粉塵、劇烈溫差、衝撞、振動等因素而損壞的堅固度（耐用度）。

在很久以前，錶是只有貴族使用得起的貴重品。而後漸漸普及，軍隊也有能力擁有錶了。在大炮的性能提高至可以從遠方發射大量炮彈之後，為了避免被捲入不必要的炮擊之中，所以必需知道我方的炮擊時間。美軍從南北戰爭前後開始使用錶，但作為裝備品正式發配給士兵，則是第一次世界大戰時的事。

這個時代的錶基本上是懷錶的形式，在確認時間時必需把錶從口袋中取出。後來出現了戴在手腕上的手錶，但這時候的手錶是把懷錶硬加小形化而成，作為機械產品的可靠度低。因此出現了可以把懷錶綁在手腳上使用的零件，以懷錶代替手錶使用。

軍用錶所要求的另一個要點是：統一全部軍隊時間的「精準度」。但因為以秒為單位進行的戰鬥計畫並不存在，所以只要調整一下作戰內容與相關條件的話，在時間的準確度上（稍微）有些通融也不是不可能的事。

堅固度和精準度兩點同時成立，是錶類必然會被要求的條件，而且在軍用方面來說也有很重要的意義。萬一錶突然停止運作或指針亂走，可能會導致攸關生死的問題發生。

因此，軍用錶和一般市面上販賣的錶，在構造和性能上雖然都是一樣的，但在精準度和耐用度上則是設定成**美軍規格**的高等級產品。

軍用錶

近代軍隊的士兵必需各自確認時間。

第一次世界大戰開始時，
錶成為制式裝備，分配給士兵使用。

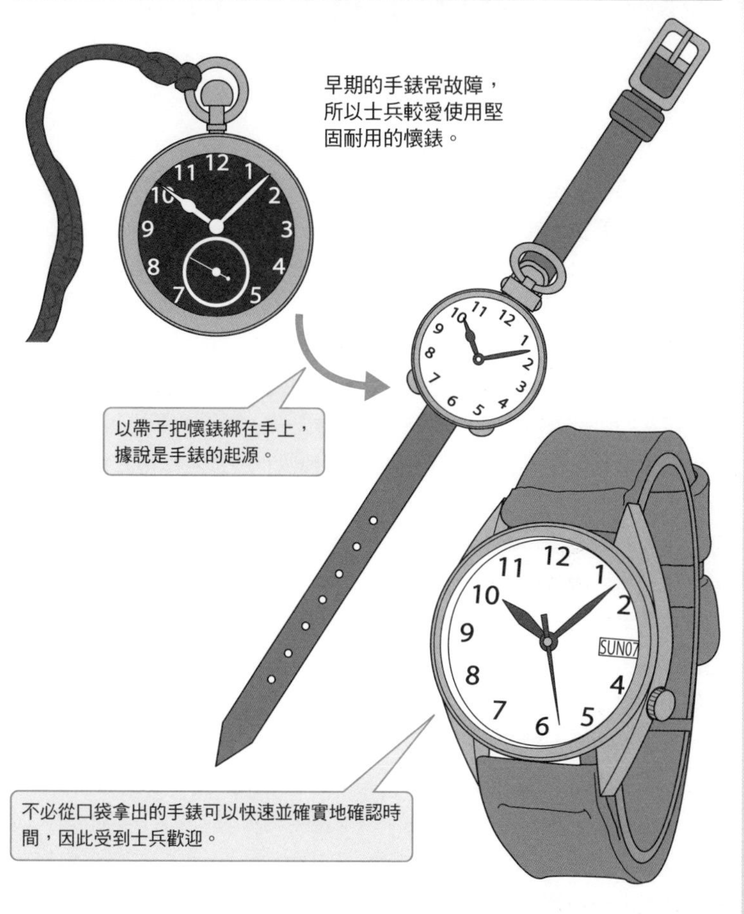

小知識

錶面上的螢光塗料含有放射性物質。只有一、二隻錶的話問題不大，但大量集中堆放時就需要小心（90年代末之後漸漸改用代替物質來製作塗料）。

No.066

軍用手電筒是特製品？

現代的軍隊在夜間行動是很普通的事，但可以在黑暗中視物的夜視裝置因為價格昂貴，所以當沒有配給或不是每個士兵都配給夜視裝置時，就是手電筒的登場時機了。

●明亮的光可以照得遠

軍隊的手電筒不只能用來照亮身邊或腳下，還可以打信號給同伴。但不管用法為何，盡可能縮短開燈的時間是使用時的基本原則，在不必要的時候必需儘快把開關關上。

軍用手電筒的亮度和一般家庭使用的手電筒差很多，這是因為電池的出力以及燈泡的性能不同。普通的乾電池，一顆的電壓是國際規格的1.5伏特（額定值）。家庭用手電筒大約只會用到2顆電池，但軍、警用的被稱為「Flashlight」的手電筒，則會用到4～8顆電池。

把複數的電持直線排列的話，電壓就會上升。電壓上升的話，照明的亮度就會提高。因此這種手電筒可以清楚地照亮遠方的物體。電池的電力和電池大小沒有關係（大小會影響的是電池的持久力），所以使用小型乾電池的手電筒，就算需要用上很多顆電池，體積還是不會太大。但因為小型電池的持久力低，所以需要很多的備用電池。

軍用手電筒的燈泡也不是一般的小燈泡，而是效能高、壽命也長的「氪氣燈泡」這種特別的產品。手電筒的性能不斷地在改良中，現在還有使用耗電量更小的LED的手電筒。

手電筒是在暗處戰鬥或搜索時不可或缺的道具。雖然也有因在暗處使用發光物而容易被敵人發現的缺點，但如果先發制人，以光線照射對方的話，也可能讓敵人「因目眩而使反擊速度變慢」。此外，如果敵方人數少而我方人數多時，使用手電筒就更有其意義。有時也會把手電筒裝在步槍的前方進行室內戰鬥。

軍隊等使用的手電筒

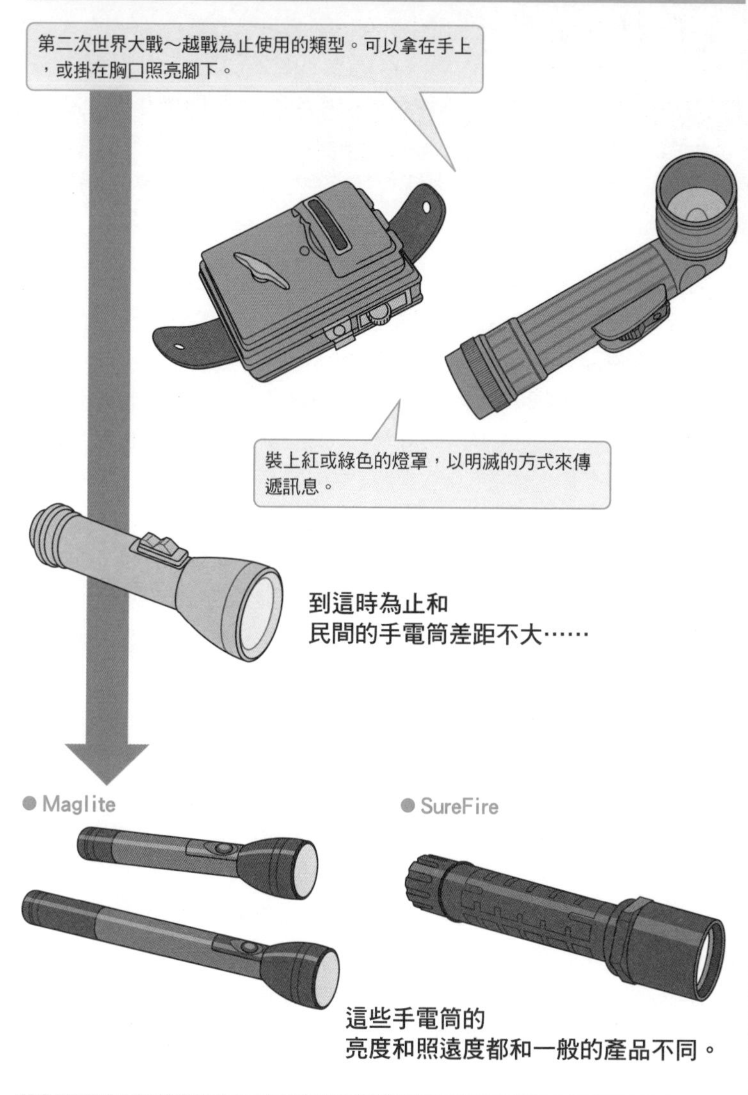

小知識

高出力的手電筒會對燈泡帶來很大的負荷，所以壽命也短。LED燈泡的話熱度較低，但有不能更換的類型，這點要注意。

No.067

以「光的明滅」來確認位置是最適合的嗎？

在進行登山等活動的時候，用來顯示自己位置的發信器（Beacon）的中一種是「閃爍燈」。登山用的發信器是以電波為主，但閃爍燈顧名思義，是以光線來表示自己的位置。

●以光線來表示自己的位置

閃爍燈是分配給戰鬥機駕駛員的發信器之一。使用在因被擊墜而脫出時，可以讓從高空進行搜索的救援機知道自己的位置。

不過被擊落的地點也可能在敵人的勢力範圍之內，這種時候就不能使用醒目的閃爍燈。閃爍燈的亮度非常強，即使在晴朗的白天也可以從遠處看見。因此閃爍燈雖是等待救援時的便利道具，但如果被敵人先發現的話就什麼都完了。

不過這種危險性可以藉著在閃爍燈上加上有色燈罩，減低亮度來避免。燈罩雖會降低亮度，但同時也可以控制光線傳達的範圍。此外把閃爍燈裝在筒狀容器中的話，可以集中光束，不會讓光線擴散到不想被發現的方向。

也有能夠把光線轉變成紅外線的燈罩。這種裝置叫「IR燈罩」，能把可見光轉變成肉眼看不到的紅外線。如果想看見紅外線，則需要戴上紅外線風鏡，所以可以減少被沒戴風鏡的敵人發現的可能性。

裝著IR燈罩的閃爍燈，不只可以作為救難發信器使用。美國海軍陸戰隊還把裝著IR燈罩的閃爍燈作為避免同伴互相戰鬥的標識。

把紅外線發信器裝在頭盔或戰鬥服上，只有戴著紅外線風鏡的友軍能夠分辨出來。發信器的光會以一定的間隔時間閃爍，可以藉此辨認出此人所屬部隊或本人是誰。不過只從光的閃爍來辨認所有成員是很困難的事，因此基本上紅外線閃爍燈是「在光線周圍5公尺內的是友軍」這樣程度的辨識用道具。

以手電筒的光來引導我方

**作為救援工具
是登山或海灘救援時的好幫手**

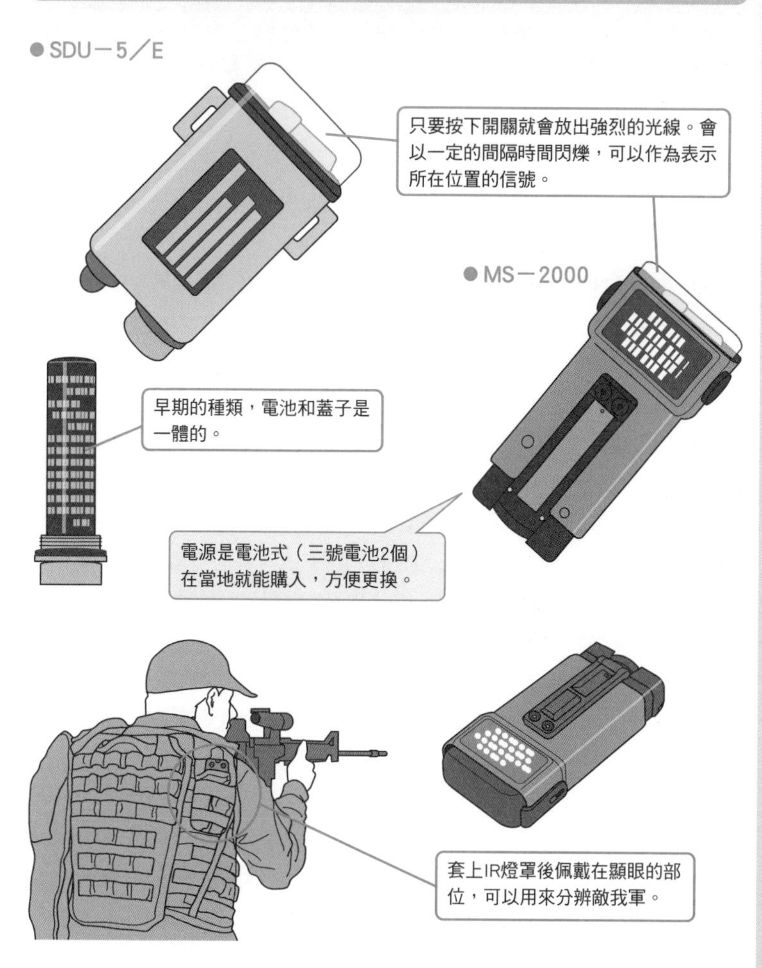

小知識

閃爍燈也會被當成放出品販賣，但舊式的一體成型電池現在很難買到。專賣店裡販賣的是把蓋子的部分重新製作，可以轉用相機用電池的商品。

No.068

刺刀依然是現代戰爭的標準裝備？

說到刺刀，就會浮現出把刺刀裝在步槍前端衝入敵陣的「刺刀突擊」畫面。在高科技武器大增的現代戰爭中，這種上個世紀的戰法應該已不再被使用了才對，但為何刺刀依然是現役的標準裝備呢？

●雖說是標準裝備，但用途是……

刺刀（Bayonet）是軍用步槍的基本配備。通常會收在刀鞘裡，掛在腰間，在突擊敵人時裝在步槍前端使用。

直到第二次世界大戰為止，刺刀的種類有尖刺般的錐型刺刀和刀刃般的劍型刺刀兩種。長度大約在20～30公分之間，裝在步槍的前端作為長槍使用。

當時的刺刀被定位成步槍彈藥用完時的最後武器。但刺刀是前線士兵沒有把手槍當作備用武器帶上戰場的時代的武器，現在已經不再被積極當作戰鬥用具使用。

雖然如此，在現代，刺刀仍是士兵的基本裝備。這是因為刺刀被賦予了新的功能：作為「戰鬥刀」來使用，除了用在戰鬥方面，還被用在進行各種雜務上。也因此，除了突刺之外沒有其他用法的錐型刺刀不再被使用，士兵基本上都是攜帶劍型的刺刀。

作為戰鬥刀使用的刺刀，刀口會被加工成鋸齒狀或銼刀狀，另外刀柄是中空的，可以收納釣魚線或醫藥品等物品。美軍的M9刺刀是這類戰鬥刀的代表，可以用來砍下樹枝進行偽裝，或是和刀鞘並用來切斷鐵絲。

現代的突擊步槍以「犢牛頭犬式」為代表，有把全長縮短的傾向。刺刀也是如此。雖然作為長槍使用的話，在長度方面有些不足，不算很有用的武器，但在站哨或典禮行進中還是會被使用，因此刺刀在短時間內應該不會消失。

刺刀的使用方式

被稱為刺刀的裝備目前仍被使用著，但不再像過去般作為突入敵陣之用。

過去的刺刀

以「刺刀突擊」為代表，幾乎完全是戰鬥專用的裝備。刀刃很長，有錐狀的種類。

● 第一次～第二次世界大戰為止的刺刀

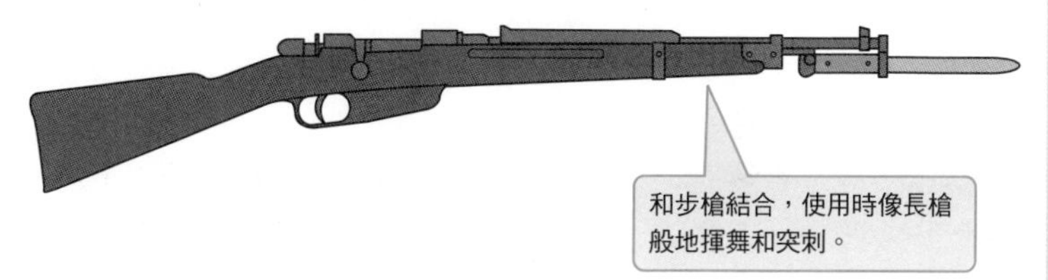

現代的刺刀

刀子不只作為戰鬥用，還用在各種雜務上。為了方便使用，以短刀型居多。

● 1990年代以後的刺刀

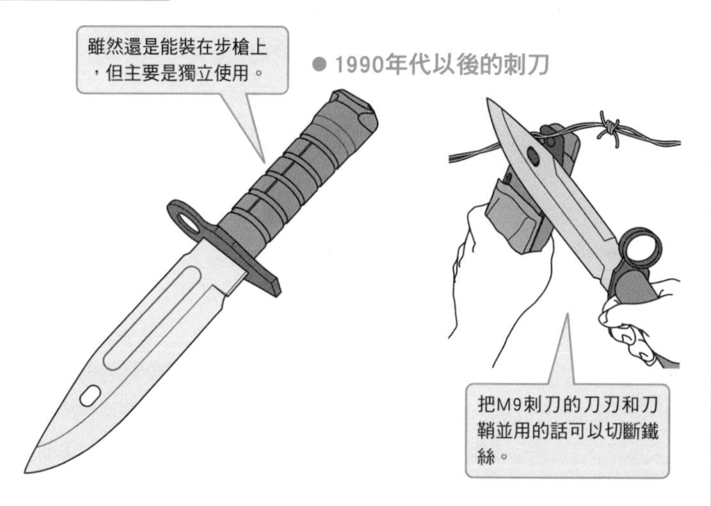

小知識

美軍的M9刺刀或自衛隊的89式刺刀的刀鍔部分可以作為開瓶器使用。

No.069

士兵會帶著像藍波刀般的刀子？

在虛構的故事中，「軍人的備用武器是手槍」、「最後的武器是戰鬥刀」是定律。但就如同手槍不是所有士兵的裝備，戰鬥刀也不是標準的裝備品。

●鋸齒狀的刀子不是軍方配給品？

電影第一滴血系列的主角，由席維斯‧史特龍主演的約翰‧藍波，在片中拿著有鋸齒的堅固短刀大顯身手。

這種設計的刀子一般稱為戰鬥刀或軍用刀等等。因為藍波的設定是從越戰回來的士兵，造成了一般人認為所有士兵都會配戴這種刀子的印象。

但把這種設計的刀子分配給一般士兵使用的情況其實很少。除非是傘兵隊、突擊部隊、陸戰隊等預料會在任務中和敵人進行近身戰的部隊，否則只會分配**刺刀**給士兵作為格鬥用武器。

但刺刀是由長槍的槍頭進化而來，不論形狀或大小都不適合在至近距離的刀戰中使用。而且在狹窄的塹壕或雨林中的戰鬥，通常是一碰頭就馬上打起來，大多數時步槍是派不上用場的。

雖說近身戰的話，可以使用手槍戰鬥，但不必從槍套拔出就可以使用的刀子還是最便利的武器。為了刀戰而設計的專用刀使用起來的感覺果然還是最好的，所以直到戰鬥刀型的刺刀出現為止，士兵們大多會自行準備刀子帶到部隊中使用。

雖然有地區差異，但在美國，使用刀子是日常生活中再自然不過的事。小孩到了某個年紀，就會像學騎腳踏車般地學習如何使用刀子。所以也很難說是否有人因為個人興趣，而把連藍波也會大驚失色程度的刀子作為私人物品帶入軍中。但這種情況的話，本人也必需是能讓同僚和長官（尤其是後者）認同的人材才行吧。

與其說是戰鬥用武器，還不如說是求生工具

除非是特種部隊的隊員，
否則以刀子來戰鬥的機會很小。

「藍波刀」

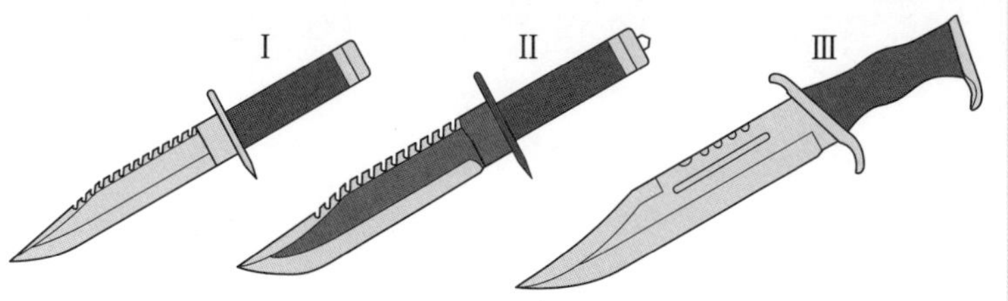

席維斯．史特龍使用的刀子是電影特別設計的樣式，
所以不是所有士兵都會帶著那樣的刀子。

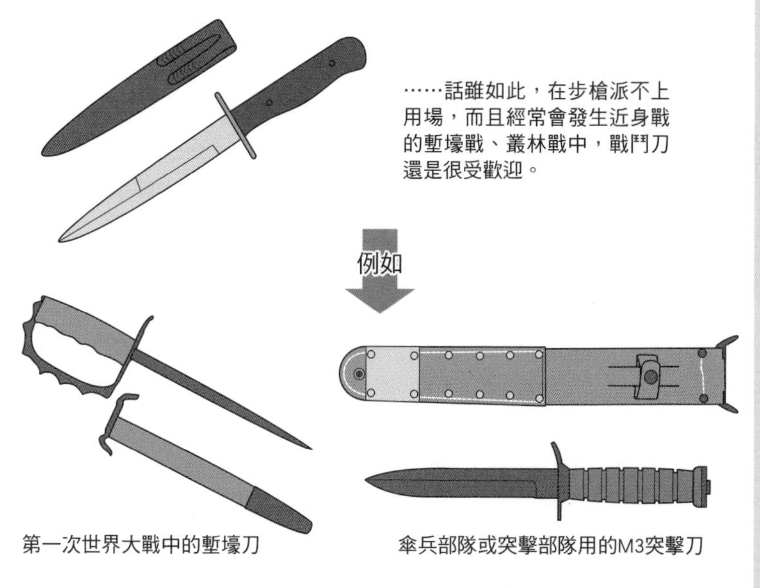

第一次世界大戰中的塹壕刀

傘兵部隊或突擊部隊用的M3突擊刀

……等等。

小知識

戰鬥刀很少以一般裝備之姿出現在人們眼前，但為了陸戰隊或特種部隊而研發、分配的戰鬥刀種類其實很多。

No.070

軍刀使用到什麼時候？

軍刀是軍人掛在腰間的刀劍類武器。在軍隊改成以槍炮等遠距離武器為戰鬥主力之後，軍刀變成儀式用裝備，因此現在的軍刀大多重視造形，甚至有些還是沒開鋒的模造刀。

●不指望其戰鬥力的裝備

可以在腰間佩掛軍刀的，基本上都是將校或軍官等地位較高的人物（當然也有騎兵或憲兵等的例外）。這不是因為軍刀昂貴，而是因為刀劍類原本就是近身戰用的武器。

軍隊的士兵若在不得以的情況下進行近身戰時，比起刀刃距離短的刀劍，可及範為較長的長槍——**刺刀**在戰鬥中會比較有利。軍階較低（但人數最多）的二等兵或一等兵等級的士兵並不是全部受過近身戰的訓練，因此讓他們使用長槍類的武器會比較有效率。

相對地，將校或軍官等階級的軍人的存在前提是「不揮舞武器在前鋒做肉體戰鬥」的人。他們拔出軍刀主要是鼓舞我方士氣或威嚇敵人。劍這種武器，自古以來就是一種支配的象徵，也因此，形成了軍官＝軍刀的印象。

當槍器的性能提高後，在戰鬥的最後以刺刀突擊來決定勝敗！的這種步兵戰鬥方式就派不上用場了，近身戰用的武器從此沒有出場的機會。

第二次世界大戰開始時，絕大部分的國家都不再使用軍刀。當時的日本軍雖然還是使用著軍刀，但高階軍人的軍刀並非官方配給，而是私人物品，所以刀身的細節部分都是以各自的喜好來做造形。

有些軍刀是拿日本刀的刀身改裝而成（日語稱為「軍刀拵」），但大部分軍刀的刀身都是大量生產的工業刀。

軍刀

軍刀（佩劍）比刺刀（長槍）的可及範圍短。

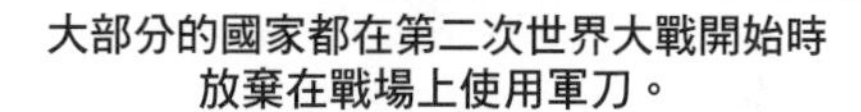

是上前線次數低的軍官等級軍人的武器。

戰鬥的重心從以刀、槍為主的近身戰轉移成槍擊戰。

大部分的國家都在第二次世界大戰開始時放棄在戰場上使用軍刀。

● 三十二年式軍刀

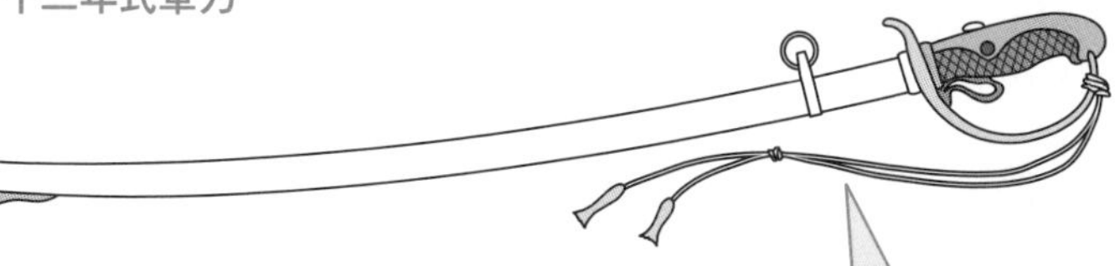

明治時代的日本軍刀。後來還有把握柄的部分改成和日本刀的刀柄形狀相同的三十二年式軍刀改。

● 九五式軍刀

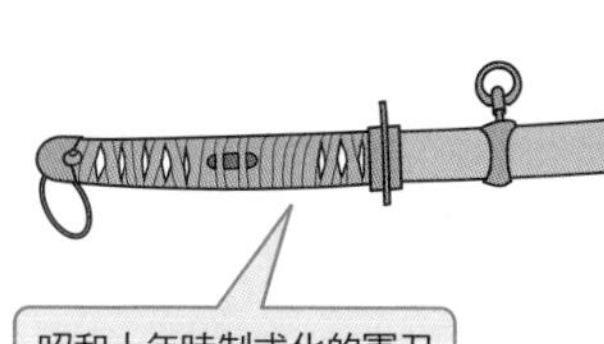

昭和十年時制式化的軍刀。是為了讓士官在戰鬥中使用而製作的。

※現在的軍刀，在世界各國都是被定位成儀式專用的裝備。

小知識

在沒有備用品可以更換刀身時，有時會以火車鐵軌或貨車的鋼板彈簧來磨製成刀身使用。這種情況下做出來的刀子當然都是劣質品。

No.071

白刃戰時會以鏟子當武器嗎？

鏟子是Entrenching Tool（E工具）裝備的其中一種。原本是土木工程用的道具，有放在車上的大型鏟和士兵個人攜帶用的小型折疊鏟等種類。

●鏟子的使用方式

鏟子原本是用來挖掘洞穴或鏟土的土木工程用具。在部隊中是用來製作掩體或塹壕（讓士兵藏身用的洞穴或壕溝），或是在紮營時以鏟子在**帳篷**周圍挖排水用的溝渠。

大型的鏟子是放在**卡車**的載貨台或裝在**吉普車**的側邊，在野營時拿出來使用。但士兵個人也會攜帶鏟子，直到第二次世界大戰為止，是把鏟子綁在背包上，現在大多是在腰部佩戴折疊式的鏟子。

對戰場上的士兵而言，可以用的東西全都必需用在戰鬥上，所以不管是**刺刀**還是鏟子，都是很好用的白刃戰武器。以砂輪（旋轉式的打磨用具）之類的工具把鏟子邊緣磨利後，像斧頭般地揮舞來攻擊敵人。在第二次世界大戰之前，自動槍的普及率低，因此士兵的交戰距離也短很多。

鏟子比刺刀更重更長，又更大型，而且重心較偏，因此在揮舞時會產生相當的力道。在塹壕戰——一相遇馬上就會進入交戰模式——的戰鬥中，或是以手動式步槍——發射後需要花時間重新填入下一發子彈的步槍——為主力武器的時代，鏟子算是一種相當有威力的格鬥戰用武器。

而且，像刀戰那樣雙方在極度接近的情況下所做的戰鬥，需要受過相當的訓練與天分才做得到。前線的士兵們不一定具有這兩點能力，而且因為戰爭延長而被徵召來的士兵更加大了做不到的比率。

因此可及範圍較大，光是揮舞就有相當攻擊力的斧頭的代替品＝鏟子，就成了一種很可靠的武器。而且人類在亢奮時，比起看準目標刺下去這個動作，把某些東西拿起來揮舞的行為更加合乎本性，也是人們使用它的原因。

鏟子和攜帶用鏟子

●挖洞或鏟土用的普通鏟子

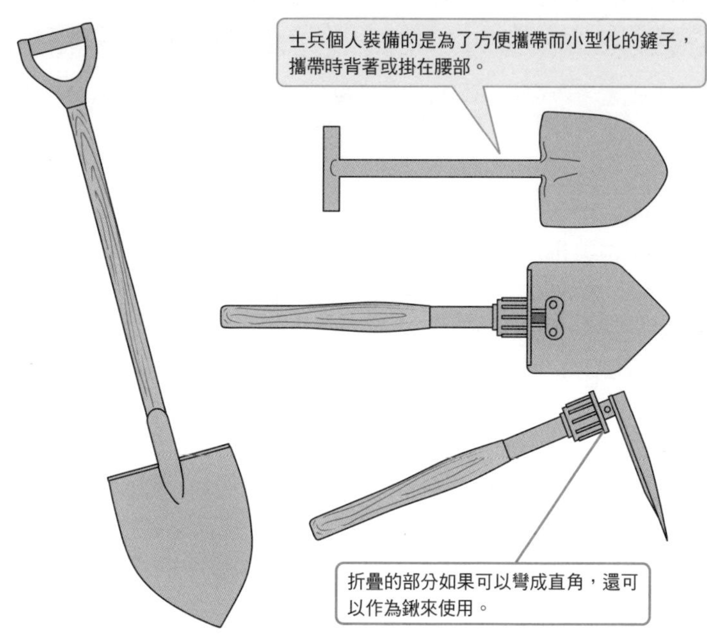

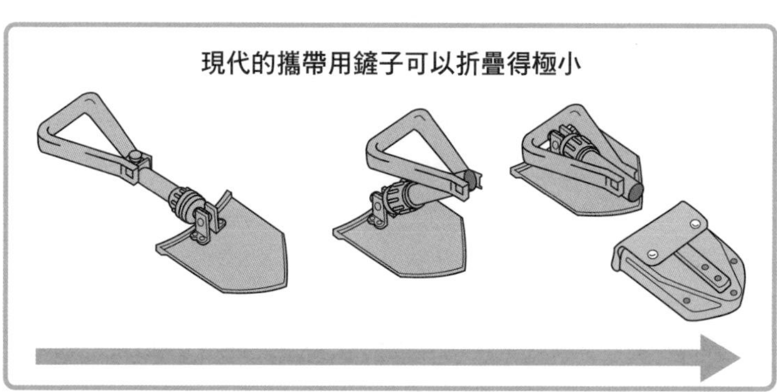

小知識

蘇聯組成國的特種部隊，都會學習以鏟子為武器的格鬥技訓練。

No.072

防毒面具可以防止哪些毒氣？

不是戴上防毒面具就可以讓毒氣攻擊無敵。防毒面具本身可以防護的毒氣種類有限，大多數時候都需要和化學防護衣一起使用。

●無法防止會滲進皮膚的毒氣

人類無法在屏住呼吸的情況下長時間活動。想在毒氣或催淚瓦斯等氣體攻擊中活動的話，則必需有可以在這些氣體中呼吸的方法。背著潛水用的氧氣筒也是一個辦法，但因為氧氣筒很笨重，所以並不實用。

為了對抗毒氣而誕生的裝備就是防毒面具。這種裝備改良自礦工或消防人員使用的民生用品。毒氣攻擊的起源可以上溯到西元前，但以防毒面具來防禦毒氣，大量分配給士兵使用，則是第一次世界大戰時的事。

一般的防毒面具是由覆蓋在使用者臉上的面罩和內藏調節器與過濾零件的過濾器所構成。面罩緊貼在臉上，可以保護眼、鼻等部位的黏膜；過濾器會濾除吸入的空氣中的刺激、有毒物質，能夠保護眼睛與呼吸器官。

但防毒面具能防護的毒氣只限於經由呼吸道近入體內的窒息性毒氣或藉著被眼、鼻、口等處的黏膜吸收的嘔吐性毒氣。如果遇上的是附著在皮膚上使其潰爛的糜爛性毒氣，那麼即使戴著防毒面具還是無法平安無事。

想保護身體不會被這類以芥氣為代表的糜爛性毒氣傷害的話，就必需穿上像雨衣般的化學防護服才行。也被稱為NBC防護服的這種裝備中，性能高的產品還可以阻隔放射線、生化武器（NBC武器）等等。

因為防毒面具和防護衣必需穿戴到毒氣散去為止，所以有些防毒面具還有具備有喝水用的吸管或人工呼吸用的呼吸管等等。

就算戴著防毒面具還是不能過於自信

只要戴著防毒面具，
不管什麼毒氣都不用怕嗎？

影響呼吸器官的毒氣

使皮膚潰爛的毒氣

破壞神經的毒氣

毒氣有許多種類，
阻隔這些毒氣影響的方法也不相同。

防毒面具不是萬能。

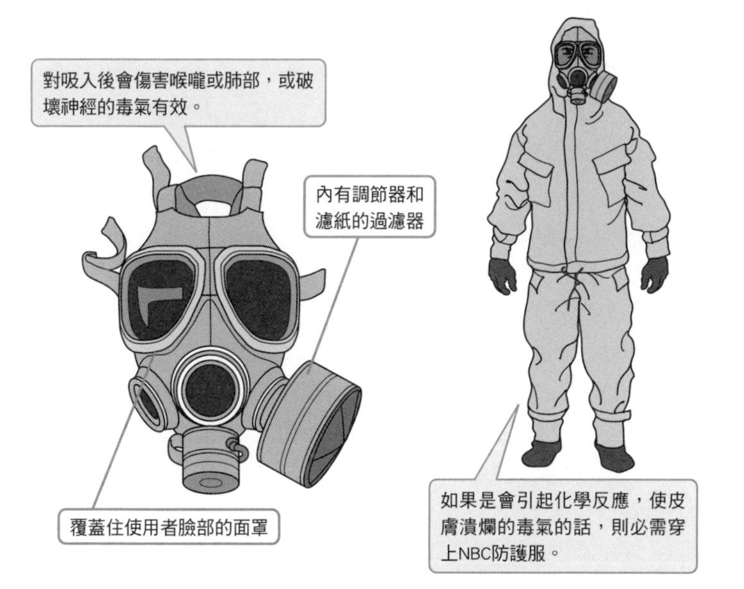

小知識

NBC防護服的成本高，而且穿戴時需有一定的知識和訓練，所以有時會讓前線的士兵穿雨衣來防範毒氣。

No.073

快速戴上防毒面具的訣竅是？

防毒面具能保護使用者不被毒氣侵襲，但會讓視野狹小，也無法順暢地呼吸。因此防毒面具平常都是裝在袋子裡，有事時才會拿出來使用。

●迅速佩戴，安心又安全

電影或遊戲中登場的特種部隊隊員，都會長時間戴著內藏**夜視裝置**或通訊設備，外觀看起來很兇惡的防毒面具活動。在作品中的解釋是「因為他們受過專業的訓練」，但一般的士兵則不該24小時戴著防毒面具活動。

連一般的棉製口罩都會造成呼吸的不順，因此如果不是訓練有素的士兵，一直戴著防毒面具的話，可能會為了方便呼吸而在面具和皮膚之間做出空隙。如此一來，一旦真的遇上毒氣攻擊，防毒面具的功能就無法發揮出來。如果是這樣的話，還不如在敵人放出毒氣時再戴上就好。而且平時就戴著面具，會造成警戒心的低落；在毒氣擴散時才戴上防毒面具的話，能讓士兵有「是毒氣！不快點戴上防毒面具的話會死！」這種緊張感，比較能提高戰鬥時的集中力。

在得知毒氣攻擊發生後，必需儘快地拿出面具，把面罩覆蓋在臉上，拉開帶子固定。接著用手壓著呼器閥門，像吹氣球般地吐氣。這樣一來可能存在於面具內側的毒氣會從面具和皮膚的空隙間被排出。

接著馬上把吸器閥門塞住，用力吸氣。這個動作會使面具內外的氣壓產生差異，而使面具緊貼在臉上。但如果面具和皮膚間夾有頭髮，則不管重覆多少次這兩個步驟，還是無法讓面具完全緊貼在臉上，這點需要注意。

大部分的吸器閥門和過濾毒氣用的過濾零件是一體成形的形式。這個部分被稱為「過濾器」，在過去是以管子和面具連接在一起，現在則以一體化的形態為主流。

防毒面具的佩戴方法

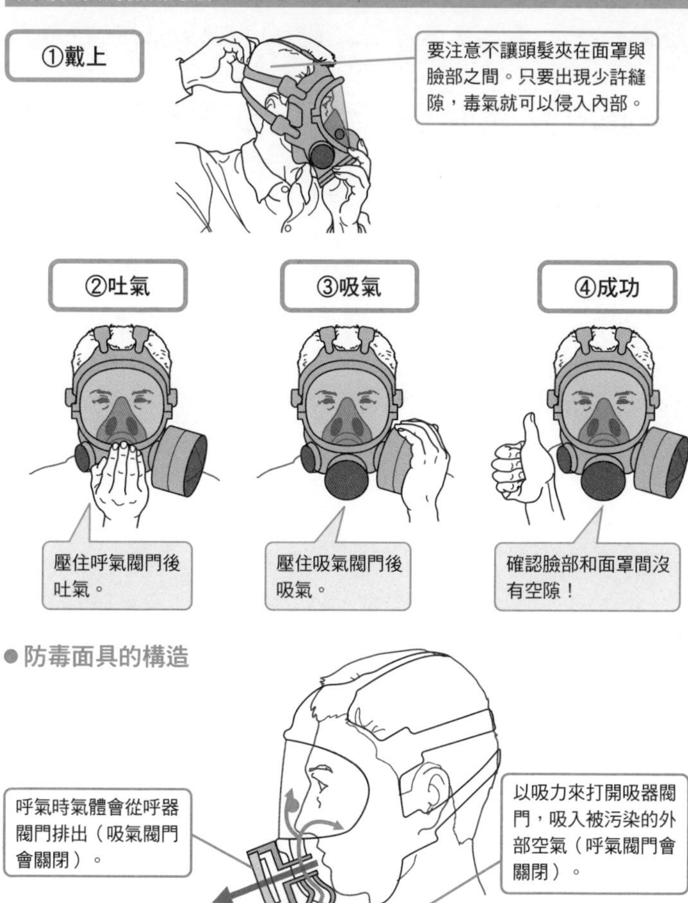

●防毒面具的構造

呼氣時氣體會從呼器閥門排出（吸氣閥門會關閉）。

以吸力來打開吸器閥門，吸入被污染的外部空氣（呼氣閥門會關閉）。

和各種過濾零件一體化的過濾器。可以阻止化學物質或病原微生物通過。

充滿活性碳等的微粒子濾紙

層層重疊的纖維濾紙

小知識

佩戴防毒面具時的呼吸方法需要練習，想要順暢呼吸尤其困難。必需冷靜緩慢地深呼吸才做得到。

動物軍隊會構成軍事上的威脅嗎？

馴養動物，應用在戰爭之中，是近代軍隊成立之前才會有的事。馬、牛、駱駝、驢等等，在過去有許多動物被作為人、物資的運送工具來使用，其中馬、駱駝、大象還被訓練成能夠背負著士兵在戰場上戰鬥的載具。

乘坐在動物上戰鬥的士兵被稱為「騎兵」，在任何國家的軍隊中都是精英部隊。因為騎兵的機動力高，所以一向是戰術運用的重點。比人類的腳力快上數倍～數十倍的動物，在引擎車發明出來前，在軍事上是很有威脅性的。

動物的身體能力在許多方面都比人類高。也因此，自然會產生把動物組成強力的部隊的想法。長齒、利爪、尖喙等等，是動物與生俱來的強力武器。如果可以有效運用這些動物，把牠們訓練成只會攻擊敵軍的話，會是非常有用的戰力。

雀屏中選的動物是狗。狗不但聰明又順從人類，在以劍和弓為主要武器的時代，讓牠們「在頸部戴著刀刃，集體衝入敵軍中」的戰法曾有相當的成績。但雖然羅馬時代能夠這麼做，但如果面對的是近代軍隊，就算狗軍團的利齒能打倒奧羽山脈中的食人熊，也無法敵過步槍的射程。

如果連狗都無能為力的話，其他動物自然可想而知。最後，把動物投入戰鬥用途的想法被人放棄，改利用牠們的其他專長。例如同樣是狗，不是利用牠們的爪和牙，而是藉著牠們的嗅覺和聽力來作為基地的警備，發現可疑的人物，或是追蹤間諜、逃犯的蹤跡。這和使用小鳥來提早發現毒氣，或在船的糧倉中養貓來抓老鼠是一樣的道理。

作為和平象徵的鴿子，雖然沒有尖嘴或利爪，但可以利用牠們的歸巢本能來作為通信手段，也就是所謂的傳信鴿。在鴿子腳部綁上筒管，把文書放入其中，或是幫牠們穿上專用的背帶來搬運小東西，除此之外還可以在牠們身上裝上相機作為空中偵察用途。鴿子的體形比傳令犬小，而且是在空中飛行，不容易被敵方發現。在第一次世界大戰時，擊墜敵方傳信鴿的霰彈槍是必備品，德國還飼養專門用來迎擊傳信鴿的老鷹。

但最這些任務最後也被機械取代，動物的身影從軍隊中消失。尤其現在還有民眾觀感、動保團體這類可怕的東西在，所以公然把動物作為軍事用途的做法已經看不到了。現在除了做為廣告角色或慰勞時的吉祥物外，動物似乎沒有在軍隊中登場的機會了。

第四章

部隊裝備・其他

No.074

口糧是什麼樣的東西？

口糧是軍隊的野戰食物，也被稱為戰鬥糧食、攜帶糧食等等。內容是罐頭或經過冷凍乾燥、壓縮的食物，可以直接食用或加上熱水使之恢復原狀後食用，功能是補充營養。

●高熱量的緊急糧食

直到第一次世界大戰為止，軍隊的糧食都是在當地調度，或由後方送到當地進行調理。但第二次世界大戰開始後，戰鬥部隊的移動速度因汽車和鐵路而增快，補給部隊難以跟上前者的速度。

烹煮食物產生的煙容易被敵機發現。再加上出現了在撤退時破壞所有當地資源不讓敵人利用的「焦土戰術」，在當地調度食物這件事變得越來越困難。

因此士兵不得不自行攜帶糧食到戰場，從而誕生了不需要烹煮或調理，可以立即食用的緊急糧食：由軍方發配給士兵個人，被稱為（廣義的）配給品「Ration（口糧）」。

口糧的前提是方便攜帶行動，所以保存期限要長，並且必需統一包裝的規格、可以壓縮得越輕便越好。早期的口糧類型大多是玻璃瓶、金屬罐裝的食品，這種包裝雖然可以通過統一規格這個要求，但重量卻是個問題。而且玻璃瓶裝的食物有「易碎」的致命缺點，金屬罐頭的話則必需有開罐器才能打開。最後出現了把食品裝在袋中的「調理包」，但調理包的堅固性比罐頭差。

現代的口糧是由罐頭和調理包依需要搭配組合而成。近年來以「冷凍乾燥法」製成的口糧也漸漸普及化。冷凍乾燥法是把食物冷凍、脫水來壓縮尺寸的技術。因為這項技術，口糧不但可以變得輕薄短小，而且還提高了保存期限。

口糧＝攜帶食品？

口糧是軍隊的緊急糧食。

以個人單位的分量來包裝，分配給士兵個人或部隊。

優點是不需要烹煮和調理，可以馬上食用。

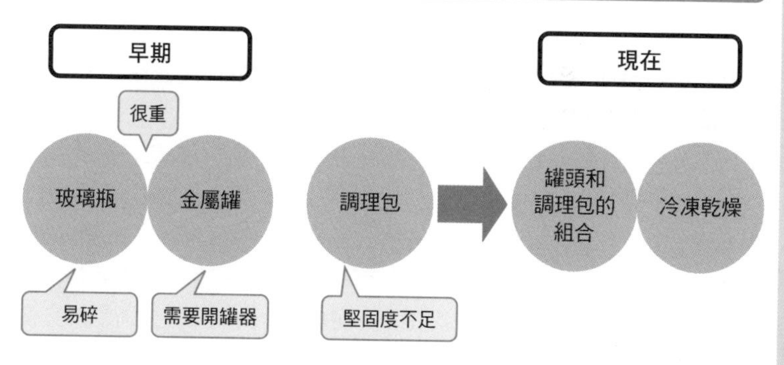

口糧所要求的條件

- 規格化的包裝，放在行李中不會佔空間。
- 重量輕，方便攜帶。
- 不會受損或腐壞。
- 可以有效補給熱量，不容易吃膩。
- 食用後製造出的垃圾少。

……等等

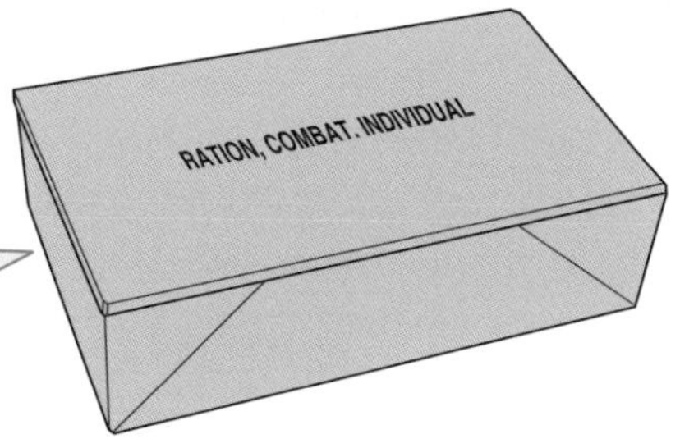

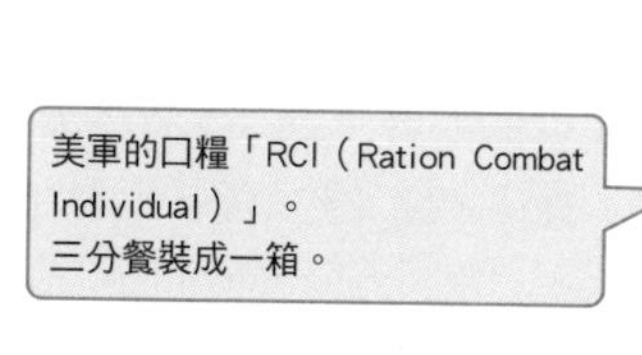

小知識

「Ration」這個單字是支給品、配給品的意思，不限於食物。在過去，煙、酒、蠟燭或肥皂等消耗品也被算在Ration之中。

No.075

C口糧的「C」是什麼意思？

C口糧是第二次世界大戰中作為「個人可攜帶的戰鬥用糧食」而研發出來的產品。也許因為口糧＝野戰食糧給人的印象太深，許多人都以為C口糧的「C」是「Combat的第一個字母」的縮寫。

●「C」是區分口糧種類的記號

把C口糧的「C」唸成Combat，也不能說是錯的。因為Ration有「糧食」的意思，所以廣意上來說，解釋成戰鬥用（Combat）口糧（Ration）也沒有問題。

但美國在某段時期分配給士兵的口糧之中，曾有「C口糧」這樣特指某種口糧的專有名詞。和制式名「Field Ration C」的口糧同時期出現的還有A口糧、B口糧、D口糧等的口糧種類。這些口糧會依狀況來分配給士兵食用。在這時候，「C」是A、B、C……等一連串編號中的一個代號，並沒有戰鬥（Combat）的含義在。

C口糧一箱內有六個罐頭，其中三個罐頭是漢堡等的肉類料理，另外三個是麵包、咖啡、糖果等的組合。罐頭的容量是340公克（12盎司），是無法提供熱食時分配給士兵食用的口糧。

熱食顧名思議就是熱騰騰的食物，也就是A口糧。A口糧是在基地之類的長久駐防地（Garrison）中製作的餐點，所以也被叫作「Garrison Ration」。同樣是熱食，但使用不容易腐壞的食材，以Field Kitchen等野戰廚房來料理的餐點則稱為B口糧。

其他還有把緊急時用來補充熱量用的巧克力棒包裝而成的D口糧、傘兵部隊用的K口糧等等，但在韓戰時出現了改良型的口糧，所以這些口糧就消失了。

何謂C口糧

C口糧的「C」不是Combat的略稱，
而是區別口糧種類的代號。

●第二次世界大戰時的口糧分類（美軍）

A口糧

在基地等以固定式調理設備烹煮出來的食物。

B口糧

可以稱為「熱食」的溫熱料理，以野外炊具來烹煮，或是加熱從後方運來。

C口糧

戰鬥時的食糧，主要是罐頭。在無法提供熱食時分配給士兵食用。

D口糧

緊急時用來補充熱量的食物。高濃縮的巧克力棒。

K口糧

傘兵部隊用的攜帶糧食，把高熱量食品和零食等打包成一人一分，
小形、輕量地包裝起來。

所有的口糧都可以稱為「戰鬥糧食（Combat Ration）」。如果不是專門指某個時期的某口糧類型，而是廣義地指所有在戰場上士兵吃的攜帶食物的話，把C口糧解釋成戰鬥糧食也不算錯誤的事。

小知識

K口糧的「K」不是英文字母代號，而是簡稱。是以研發者Ansell Keith博士來命名的。

No.076

把冷掉的口糧重新加熱的方法？

液態瓦斯或汽油、燈油等液體燃料的爐子，使用起來雖然很方便，但在燃料的管理和補給上則必需下許多功夫處理，所以大多是由士兵自行購買的裝備。軍方配給的爐子則大多是固體燃料爐。

●使用固體燃料的口袋爐

士兵在加熱調理包，或是泡咖啡時。使用的大多是固體燃料。固體燃料的管理比較簡單又安全，且因為是固體，就算不密封也不會氣化蒸發，並且也不怕被水淋到。

使用固體燃料的軍用加熱道具叫口袋爐。代表性的固體燃料有：以甲醇作化學處理的白色酒精塊、加入油脂混合而成，蠟燭般的固體酒精。

酒精塊的形狀有點像是灑在游泳池用的氯片，一塊的重量大約4公克。使用時把酒精塊放入金屬製的炊具，也就是爐子後點火。但一塊一塊使用的話燃燒效率不好，所以是一次點燃三個酒精塊使用，之後再以二個為單位追加。

用來裝蠟燭般固體酒精的罐子俗稱「酒精罐」。罐子的尺寸眾多，大約可以燃燒40分～2小時不等。和塊狀的酒精塊不同，可以在用到一半時就熄火。但使用過的固體酒精表面會出現一層膜，下次使用時必需先把膜刮下，否則火力會下降。

不需使用打火機或火柴就可以進行加熱的是「加熱包（MRE Heater）」。只要在袋子中加水就可以持續發熱20分鐘，不管天氣如何惡劣都能加熱調理包中的食物。

加熱包的發熱原理是以石灰之類的發熱素材和水產生化學反應而來，在民生用品中也有以相同原理來加熱便當或溫酒的產品。也可以把加熱包當作暖暖包使用，但加熱包發熱時會產生氫氣，所以要小心起火的問題。另外因為加熱包會消耗氧氣，所以在密閉空間中大量使用的話會有缺氧的危險。

固體酒精爐和加熱包

● 使用固體燃料的酒精爐

與其說像小火堆，不如說是大蠟燭般的燃燒方式，所以不適合加熱大量的食物。

酒精塊

裝在罐子中，通稱「酒精罐」

● 德國製的固體酒精爐「Esbit」

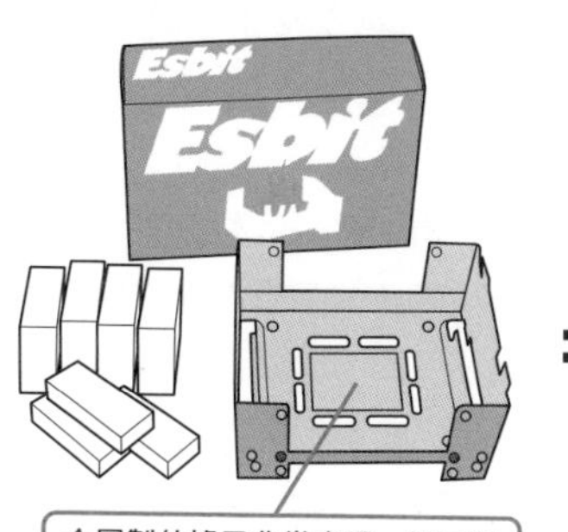

金屬製的爐子非常高溫，把尼龍放在上面的話馬上就會融化。

旅館或餐廳常用的這種加熱道具其實也是固體酒精爐。

● 不必用到火就可以加熱的加熱包（MRE Heater）

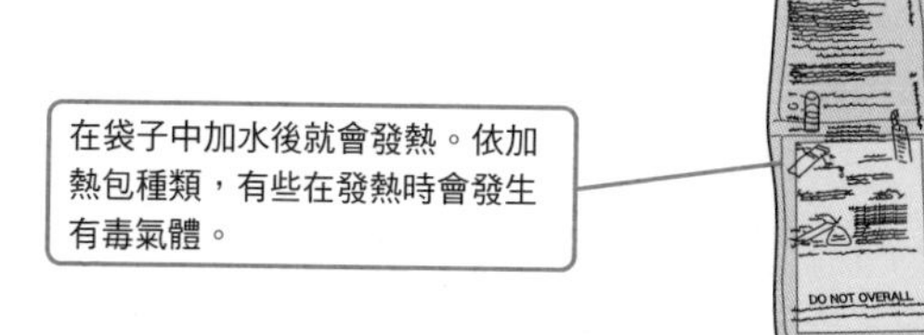

在袋子中加水後就會發熱。依加熱包種類，有些在發熱時會發生有毒氣體。

小知識

固體燃料還有把內容物做成凝膠狀，裝填在管中的「Burning Best」。可以塗在柴火上幫助燃燒，或是用來預熱使用液體燃料的爐子。

No.077

罐頭最適合作為戰鬥糧食？

很久以前，拿破崙懸賞徵求可以大量搬運軍事行動所需的糧食，又不讓食物腐壞的方法。懸賞之下出現了把食物裝在瓶中攜帶的方法，這方法後來進化成罐頭和調理包。

●可以粗魯對待但不會壞的包裝

軍隊在行動時必要的東西是食物。為了可以不仰賴當地調度，自行確保糧食，首先出現的點子是把食物加熱殺菌的玻璃罐頭。

以這種方法處理的食物可以在常溫狀態保存較久，但玻璃容器易破碎，所以不是非常理想。

之後在英國誕生了可說是現代罐頭起源的金屬罐頭。由於金屬蓋是被焊接起來的，需要用鑿子和鎚子才能打開。隨後發明了開罐器，使得金屬罐頭越來越方便和普及化；但焊接用的物質會溶到罐內的食物中，是個問題。

另外，為了不留下痕跡，要如何處理部隊進食後留下的大量空罐也是問題。雖然可以挖洞掩埋空罐，不過還是有其限度。但因為「耐摔堅固」對軍用品來說是很重要的優點，所以金屬罐很快地取代了玻璃罐頭。罐頭除了可以裝入經過乾燥或防腐處理的食物外，也可以裝入**咖啡**、**紅茶**、奶粉……等飲料，或牛奶糖、糖果等甜食。

有很長一段時間，士兵都是被罐頭餵飽的，但後來出現了更輕便、更不佔空間的「調理包」。這是把已經調理好的食物裝在好幾層疊合而成的袋子裡密封起來的包裝方式，和罐頭一樣可以直接食用或加熱後再吃。

雖然調理包有容易破裂的缺點，但只是和罐頭相比之下比較容易破。只要不過於粗魯地搬運的話，問題其實不大。現在大部分的軍隊，以卡車之類的交通工具來統一運送口糧時是裝載罐頭，士兵步行攜帶時則是分配調理包，兩者合併使用。

從罐頭到調理包

作為軍隊搬運糧食的方法……

把食物裝在玻璃瓶中

很容易打破！
不行……

把食物裝在金屬罐中

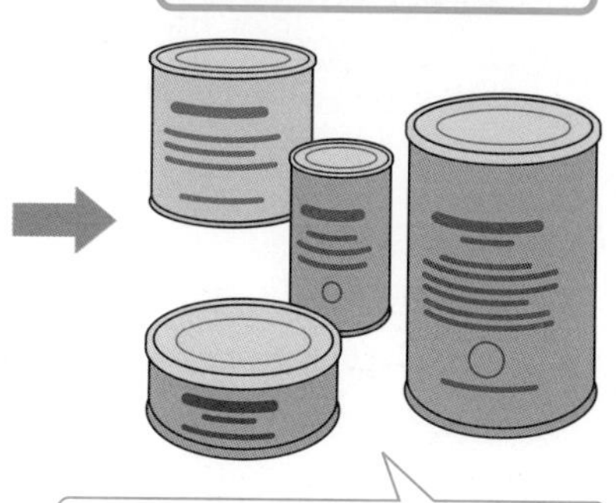

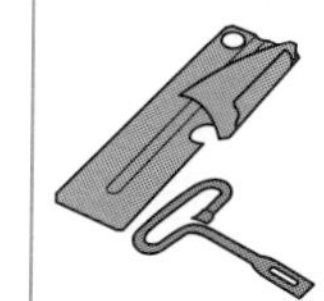

有沉重、需要開罐器等的缺點，但不需小心運送這點很受軍隊喜歡，所以有很長一段時間都是軍隊口糧的主角。

之後……

把食料裝在袋子中

和罐頭比起來比較不堅固，但因為很薄，可以裝在行李的縫隙中、加熱的時間短、味道較佳的幾項特色而受到士兵喜愛。

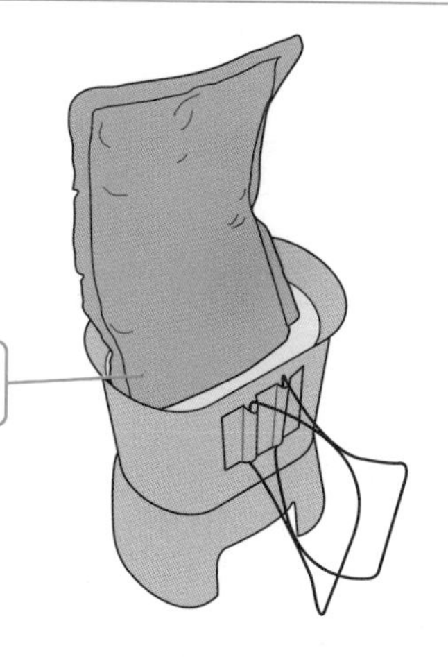

可以用大鍋子或是個人用飯盒、水壺的附屬杯子來加熱。

小知識

牛肉罐頭或午餐肉（豬肉罐頭）等在第二次世界大戰時作為口糧而活躍。這些罐頭被做成方形或長方形，所以可以省下運送的空間。

No.078

攜帶爐在使用時要小心？

在露營時，基本上都是以攜帶型的瓦斯爐來加熱冷掉的食物。雖說是瓦斯爐，但構造上來說是小型的火爐，燃料有汽油、燈油、高壓的液狀瓦斯等等種類。

●使用液體燃料的小型爐

當前線不能起灶時，士兵會從伙食部隊領取烹煮好的料理來食用，但從取餐到進食通常會花上許多時間。

時間一長，食物就會冷掉。如果有柴火的話就可以把冷掉的食物重新加熱，但可以在前線升火的幸運情況並不多。而且，直到罐頭或調理包等**口糧**普及化為止，士兵分配到的食物都是用**飯盒**盛裝的濃湯狀的餐點，必需有一定的火力才能加熱。

因此和士兵成為好友的是小型的汽化爐。把燃料以壓力汽化，只要火一接近就會燃燒。汽油是戰場上比較容易取得的燃料，但要對汽油施加壓力，必需先花上一些工夫壓縮，而且火口的部分必需先以火烤過預熱才行。

這些手續並不容易，在汽油還沒汽化的情況下點火會發生悲劇，而且在燃燒時補充燃料也常會出事。這種型的液體燃料火爐還有使用煤油、酒精等燃料的種類。

目前軍隊使用的是和登山用的瓦斯爐相似的瓦斯燃料爐。雖然瓦斯罐重而且因為製造商不同，瓦斯罐之間沒有互換性，但容易點火而且不需要擔心燃料漏出的問題。

瓦斯燃料爐在連續使用後，瓦斯筒中的內壓會降低，火力會減弱，所以會裝上可以把熱量傳給瓦斯筒的低壓調節器。但瓦斯筒過熱的話會破裂，和汽油爐在不同意義上必需小心使用。

煮水或調理時的寶物，攜帶爐……

燃料是液體燃料或液態瓦斯

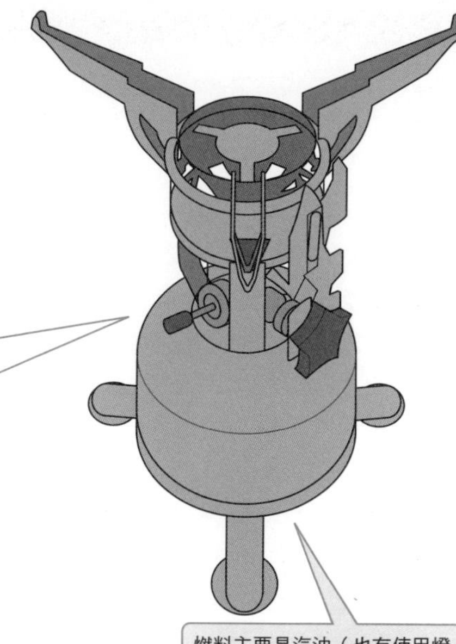

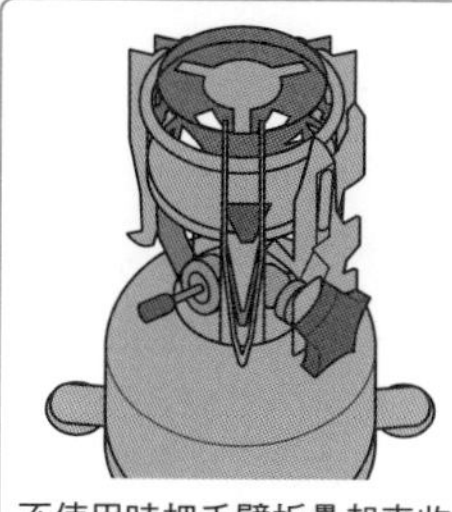

不使用時把手臂折疊起來收納到箱中。

燃料主要是汽油（也有使用燈油或酒精的種類）。

登山或露營時使用的市售瓦斯爐，因為使用方便所以也被士兵利用。

注意 液體燃料爐有在預熱時燃料漏出，或是備用瓦斯筒接觸到高熱而破裂的危險！

小知識

這些攜帶用爐會收在專門的收納容器中，雖然有些佔空間，但收納容器可以作為調理鍋使用，有其優點。

No.079

口糧的保存期限有多久？

軍隊必需準備大量的食物。野戰用的緊急糧食口糧也是其中之一。如果口糧的保存期限太短，就必需經常換新，所以製作口糧時都會盡量把保存期限拉長。

●明確標記可以吃到什麼時候的口糧是少數

軍隊使用的口糧類為了對應補給中斷或長時間單獨行動的情況，保存期限都較長。但基本上和民間的冷凍乾燥食品或調理包是一樣的東西，沒有因為是軍用品所以添加什麼特殊的保久劑。

一般的食品會依法律規定，標示上口味不會變差的品嘗期限，或吃了不會引發身體不適的保存期限，但不管哪一種都只是大略的數值。軍隊重視安全勝於美味，所以不太重視品嘗期限。

依國家而異，部隊的活動區域和時期等有相當大的差異。例如不知道會被派遣到世界何處的美軍，其口糧會依當地的保管環境而使壞掉的速度有很大差異，所以無法在口糧上標記「從製造日期後多少年內可以食用」的保存期限。而且口糧的保存方法也不固定，所以比起民間的標準，必須更加粗略地判斷保存期限才行。

口糧上很少標示保存期限，大多是標示製造日期。口糧在製造時會經過殺菌、密封的手續，所以只要罐子或袋子沒破洞，就可以有相當長的保存期限（依種類，也有以10年為保存單位的口糧）。

罐頭比調理包耐放，但在濕氣高的地方，一旦經過碰撞，則受傷的地方容易生鏽。如果鏽出洞的話，內部的食物就會腐敗。

不管是罐頭或是調理包，壞掉的口糧都會有「似乎有空氣進入」的膨脹感。吃壞肚子的話會削減戰鬥意志和戰鬥力，所以進食前要留意確認口糧的可食與否。

口糧的保存期限

軍隊基本上是不管什麼場所都會前去的團體

以年為單位來保管的口糧，會因時期，
保存環境而使保存期限有很大的不同。

不像民間食品那樣可以訂出統一、
明確的保存期限。

但以國內活動為前提的日本陸上自衛隊，則訂有「罐頭約三年，調理包約一年」的保存期限。

也就是說……

軍隊的口糧只會記載製造日期，之後就要看保存環境和外觀來決定能不能吃！

判斷口糧的新鮮度時……

Natick研究所做出的
「TTI貼紙」

依口糧封裝後經過的時間與溫度來變色的貼紙。內部的圓變黑的話就不能吃。

可食用

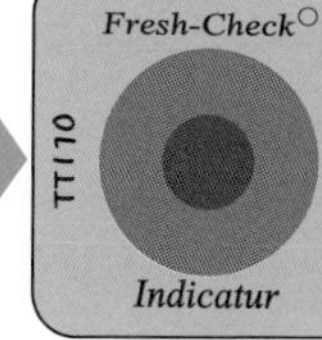

不可食用

小知識

TTI是「Time Temperature Indicator」的簡稱，意思是時間、溫度的指標貼紙。價錢為一張五日圓左右。

No.080

咖啡、紅茶可以提升士氣？

士兵在戰場時能喝的不只有水壺中的水而已。配給的口糧中也有咖啡或紅茶等的嗜好品，可以消除壓力，提高士氣。

●咖啡因和甜食可以消除壓力

咖啡中的咖啡因有驅除睡意、提神醒腦的功能。另外據說還可以提高食物的美味，促進食欲，可以幫助士兵吃下不夠好吃的**口糧**。

美國人喝咖啡的習慣奠定自歐洲移民增多的19世紀中期，當時的軍方菜單中就已經包含了咖啡。南北戰爭時研發出了把咖啡、砂糖、奶油球做成膏狀的即溶咖啡。

紅茶則是英國的傳統。英軍的口糧中有粉狀的奶茶包，對維持士氣很有貢獻。咖啡會因人而有喜惡的問題，但紅茶較不會有這種情況。而且紅茶的咖啡因含量並不比咖啡低，所以現在美軍和瑞士軍的口糧中也包含了紅茶。

可以暫時回復疲勞，維持體力，緩和壓力的巧克力、糖果、口香糖等零食類也很重要。

尤其是巧克力，還兼有補充熱量的功用，作為能源食品也相當出色。但在熱帶地區戰鬥時，要如何讓巧克力「只融你口不融你手」，軍方曾花了不少苦心去研究。這個技術被轉移到民間的零食上，或反過來把民間受歡迎的零食換上軍用包裝成為口糧的一分子的情況也不少。

軍隊所配給的零食被定位成「補給熱量的緊急食糧」，不是點心。所以如果在待機時因嘴饞而把零食吃掉，導致真正需要時沒得吃就傷腦筋了。所以軍隊的零食大多會故意減少甜度，或做成略苦的口味來降低它們的美味。

咖啡的功能

依德軍的研究與美軍的說明書所言：
「咖啡可以提高士兵的士氣」。

驅除睡意、提神醒腦 ＝士兵會漸漸回復！

促進食欲 ＝可以把口糧吃完！

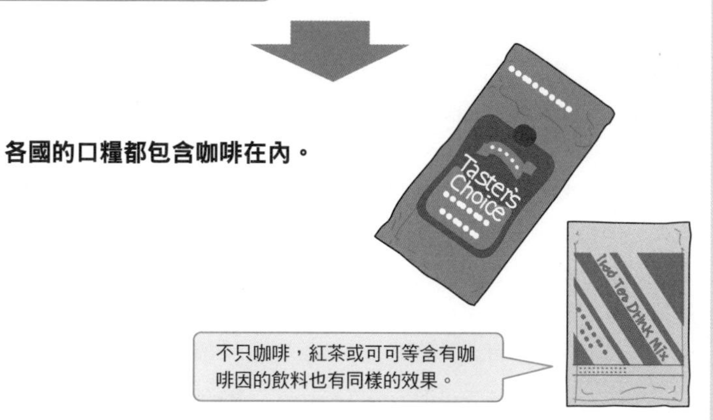

各國的口糧都包含咖啡在內。

在戰場上常有把不適合飲用的水過濾、煮沸來喝的情況。口糧中粉末狀或茶包狀的咖啡、紅茶還具有讓那些水變得比較好喝的功能。

小知識

早期的軍隊是分配咖啡生豆給士兵。美國南北戰爭時，烘焙過的豆子在軍中登場。粉末狀的即溶咖啡普及於世界各國，則是第二次世界大戰後的事。

No.081

香煙會分配給所有前線的士兵嗎？

香煙有緩和戰場的緊張和恐怖的重要功能。在過去香煙會和咖啡、紅茶等口糧一起（每天數根地）分配給士兵。

●不抽煙的士兵會當成貨幣來使用

雖然在現代，香煙被認為是「引起肺癌或腦中風的萬惡根源、健康的大敵」；但直到1980年代為止，煙基本上被認為是一種普通的嗜好品。軍隊中雖然也有不吸煙的士兵，但基本上香煙是被當成士兵的必需品，和食物一起分配給士兵。

如果沒有抽煙的習慣，那麼這些被定額分配的香煙，就會變成多於的長物。但對煙癮很重的人來說，卻是垂涎不已的好東西。所以不吸煙的人通常會把煙賣給吸煙者，或者是用來以物易物，作為擬似貨幣來使用。

想要抽煙就必需有火。戰場上可能風勢強大或濕氣太重，因此火柴沒什麼用處。雖然也有防水的沾蠟火柴之類的產品，但最受歡迎的還是各種打火機。

以預設在野外使用而製作的打火機有許多種類，但不會被風吹熄的「Gas Lighter（渦輪打火機）」還是最方便的。Gas Lighter可以說是縮小成打火機尺寸的氣體噴嘴，所以也可以用於燒繩子之類的用途上。

但Gas Lighter必需另外準備補充用的氣體燃料。而「Oil Lighter」除了專用燃料外，也可以使用戰場上最容易拿到的汽油，所以很受士兵喜歡。

成為Oil Lighter的代名詞的「Zippo」是既有設計感又耐用的人氣商品。Zippo號稱「永久保固」：只要把故障品送到生產商那裡，就可以免費修理；無法修好的話會交換同等的商品給顧客。因此從1932年開始販賣以來，在世界各國出現了不少收藏家、雜誌也做過不少Zippo的特集。

在戰場上，緊張和不安會侵襲士兵

不抽煙的士兵會把香煙拿來當作貨幣，或與同僚交換東西。

小知識

美軍從1972年起不再把香煙和口糧同捆分配給士兵。

No.082

野戰廚房可以提供熱食？

各種口糧（野戰食物）是可以長時間保存在嚴苛的環境中，具有高熱量，可以補充士兵們戰鬥所需的能量。但在壓力很大的戰場，最好還是能有熱騰騰的食物來消除疲勞。

●野戰廚房

戰場上的士兵所受的壓力遠在想像之上。如果壓力累積太多，就無法發揮原本的能力，而且還可能影響健康，被送到後方的醫院去。

進食是消除壓力的有效方法之一。因此**口糧**不只有CalorieMate或士力架巧克力那樣的熱量補給品，而且在口味及菜單上也（盡可能地）做變化，試圖讓士兵不會厭煩，同時在解消疲勞上也有很重大的意義。

尤其在第二次世界大戰之後，部隊的行動從徒步、騎馬轉變成引擎車，士兵的食物重心也漸漸轉移到便當（口糧）上。

在伙食部隊能和士兵一起徒步移動的時代，士兵可以吃到熱騰騰的餐點，但自從改成以卡車載著戰鬥部隊走在前方之後，士兵漸漸只能以沒什麼味道的口糧來裹腹。

如此一來就無法提升士兵的士氣。因此出現了可以在前線供應士兵溫暖食物（熱食），被稱為「野戰廚房」或「廚房車」等的設備。

這種車可以被馬或卡車牽引行走，和部隊一起上前線。由專門負責作飯的伙食兵烹煮和平時差不多的餐點。

野戰廚房除了把生肉或蔬菜煮熟、油炸，也就是所謂「料理」的餐點之外，也有把罐頭之類的口糧放入鍋中，以部隊為單位加熱的作法。

野戰用的炊具

準備熱騰騰的食物對維持士氣也是很重要的。

●第二次世界大戰中德軍使用的「野戰廚房」

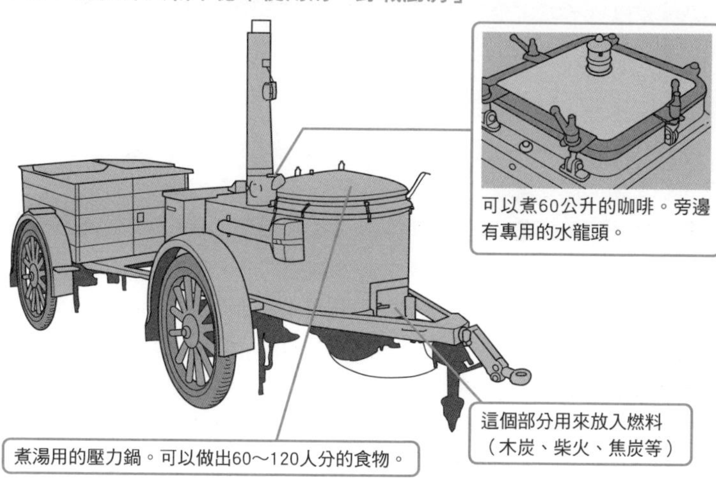

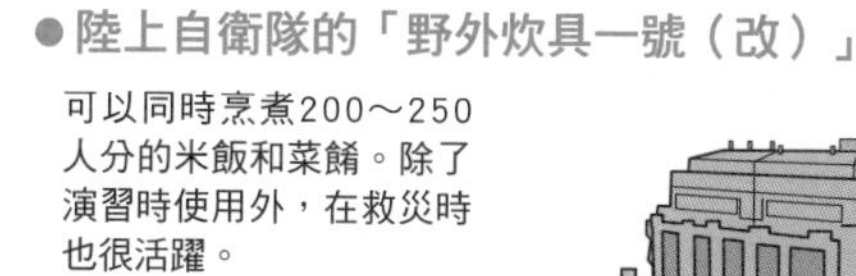

●陸上自衛隊的「野外炊具一號（改）」

可以同時烹煮200～250人分的米飯和菜餚。除了演習時使用外，在救災時也很活躍。

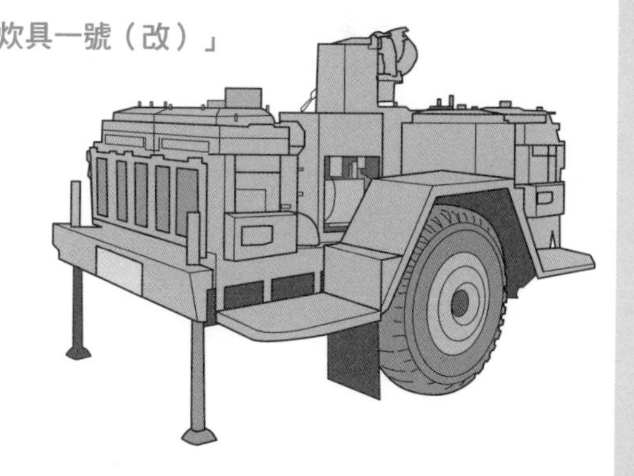

小知識

關於戰場上的食物，日本軍注重的是白米飯，美國和德國則是對新鮮的麵包非常執著。為了提供新鮮麵包給士兵，還編成了「製麵包連」。

No.083

軍用帳篷都是過時的款式？

帳篷是露宿用的裝備。不管是露營也好，野營也好，都是指軍隊在基地或建築物外的地方紮營過夜的事。以帳篷來長時間休息，為接下來的行程做準備，同時也可以恢復部隊的戰鬥力。

●數量太多所以很難管理

軍隊的帳篷為了不會輕易破掉，必需做得厚實又堅固。通常使用的材料是和**軍用卡車、吉普車**的蓋布相同的帆布。帆布相當堅固，但也相對地很重，觸感也粗糙，因此軍用帳篷不論拆開使用或打包收起都相當費工夫，而且清洗時必需用甲板刷沾清潔劑用力刷洗才行。

看民間的登山用品或戶外運動裝備的話，就能明白，帳篷這種裝備不全都是那樣粗重的東西。在民間，輕量又堅固、使用方便的帳篷才賣得出去。那麼為什麼軍隊的帳篷都是舊時代的產品呢？這是因為軍隊這種組織基本上是個錢坑，而且陸軍這個組織又特別龐大的原故。

軍隊是個錢坑，不過被坑掉的不只錢而已。軍隊在使用經費時會以戰車或戰鬥機等大項目為優先，因此把「個人忍耐一下還是能用」的帳篷類裝備的順位向後延的傾向很強。另外因為軍隊人數眾多，需要的帳篷也多，要備齊這些數量的帳篷，全面換新，是件非常浩大的工程。

帳篷的種類從2人用的圓頂帳篷、班用的10人帳篷、作為前線司令部用的大型帳篷……等等，種類很多。但在運動會或葬禮時架設的「以鐵架撐起屋頂」的開放型帳篷，因為四面沒有邊壁，所以不能作為士兵休息之用。大型帳篷還可以作為急救中心、俘虜收置處、通信轉播基地等的用途。此外還有打入空氣撐起來的充氣式帳篷，可以作為收納整架直升機的掩蔽物來使用。

帳篷的顏色和在當地活動的步兵服裝大致相同，為了偽裝，通常會統一成綠色或灰色；但在沙漠是砂色、在雪地是白色……會因所在地的環境做變化。

軍用帳篷都是舊式的原因……

**帳篷從部隊等級的大型帳篷到個人用帳篷，
種類多，必要數量也多。**

更新要花很多時間精力耶。

可以忍著點用，所以晚點再說。

而且也沒錢換新的。

所以軍隊還是使用著「舊時代」的帳篷。

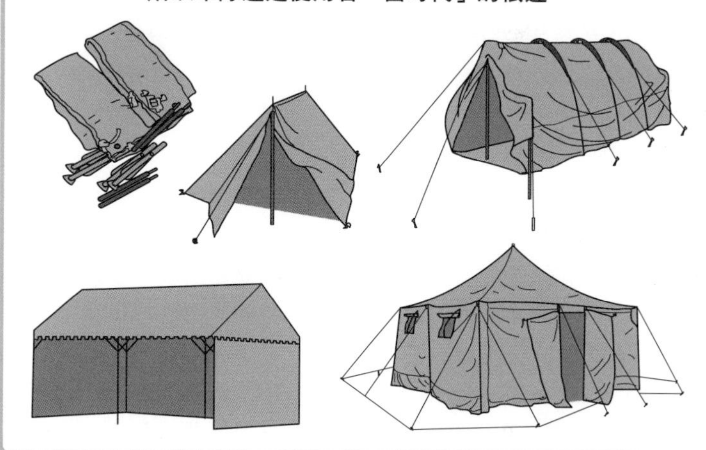

● ICS
（Improved Combat Shelter）

近年來終於普及的小型輕量步兵用帳篷。

小知識

「裝備的更新」是在逼不得已時才會做的事。像陸上自衛隊般，成立的基本前提是「只在國內戰鬥」的軍隊，更有把帳篷類的裝備品延後更新的傾向。

No.084

在野外睡覺的話，用睡袋比較方便？

對士兵來說，「睡眠」也是工作的一部分。睡眠不足的話無法恢復體力，而且在重要時刻會削弱集中力。因此為了戰鬥，必需能有舒服的睡眠品質，把所有勝利的條件準備萬全。

●重要的是不被地表奪走體溫

睡袋是袋狀的寢具，可以阻隔冷氣與強風，保持一定的睡眠舒適度。軍隊用的睡袋是預設為在零下10度～10度左右時使用，也被稱為Sleeping Bag。

睡袋表層的防水性、透氣性優秀，被印成迷彩的花樣。內部密閉，保溫性高，是士兵睡眠使用的基本裝備。在大炮的炮彈不會打過來的後方，雖然可以架大型**帳篷**來休息，但通常還是會把睡袋鋪在折疊式鋁床上睡覺。

睡袋的形狀有長方型或木乃伊型等的種類，基本上是尼龍或聚酯纖維等素材製成，再施加Ripstop的強化縫法。這種縫法可以防止睡袋出現損傷後，破洞越來越大的情況。

睡袋是以拉鍊來收攏。但直到韓戰為止，拉鍊被做在內側，不論上拉下拉都很花時間，還出現了被夜襲時因為來不及脫離睡袋而被殺死的悲劇。在那之後睡袋內側的拉鍊被加上了拉鍊頭，或是改良成內外都可以拉上拉鍊的形式。

有時也會發生不得不在岩地之類不平坦的環境睡覺的情況。這時會先再地面鋪上具有隔熱效果的氨基鉀酸酯製墊子再放上睡袋。也可以使用灌入空氣後會膨脹的氣墊。氣墊內的空氣必需灌到坐下來時屁股不會接觸到地面，但又不會太滿的程度才是理想。不管是墊子或是床，使用目的都是為了「不直接睡在地面上」。因為地表的冷氣可以很簡單地奪走身體的熱量，所以在野外睡覺時要注意失溫問題。

野外用的各種寢具

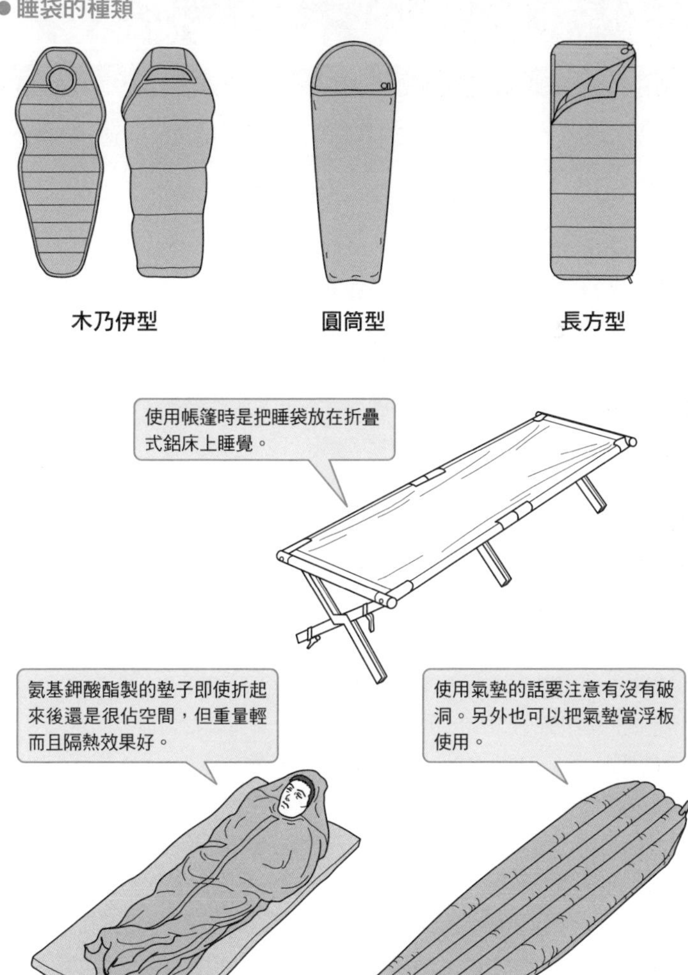

小知識

越戰時，睡袋也曾被用來搬運死者。

No.085

在偽裝時使用「網子」？

欺騙敵人的眼睛，隱藏自己的方法叫做偽裝。穿上迷彩服或把車輛等物品塗成迷彩模樣的迷彩塗裝是常用的手段，但以網子來做偽裝也是相當有效的方法。

●以網子和樹葉覆蓋身體來隱身

偽裝用的網子不是捕蟲或捕魚用的細目網，而是吊床般網目很大的網子。這種用來偽裝的網子稱為「偽裝網」，可以蓋在野營中的士兵、武器彈藥、戰車、卡車、補給品等物品上來欺瞞敵人的眼目。

網子上會綁上樹枝、樹葉等擬態用的東西，遠遠看來就像是樹叢。偽裝網除了單色網外，也有迷彩圖案的網子，或是翻面後色調不同，可以分做為春夏、秋冬季節使用的網子。

自然界中很少有過長的直線或是巨大的直角，因此人類會對自然環境中的直線和直角特別敏感。綁上樹葉等物的偽裝網，就是用來模糊人工物特有的線條，使敵人無法察覺物體的存在。

想要大面積地使用偽裝網的話，訣竅是：把網子的邊緣掛在附近的樹木或岩石上，使物體的輪廓變得不鮮明。如果能在網子上放置枝葉、砂子等當地的素材，使物體與周圍的陰影差異消失、融入環境中的話，效果會更好。

偽裝網的偽裝，對躲避空中的偵察特別有效。飛機除了直升機等一小部分的機種外，都是高速移動的物體，所以地面上的物體只要拉上偽裝網，就很難從空中辨識。擊墜敵方飛機用的對空陣地也是如此：為了不被目標發現，所以用**砂袋**拱固四周後，在頂部蓋上網子。這是對空陣地的基本建造法。

卡車等移動中的車輛，有時會事先在蓋布外面掛上偽裝網，到了營地之後就直接把網子拉開來隱身。

偽裝網

用網子來偽裝的方法 ➔ 隱藏士兵、武器彈藥等物資或器材

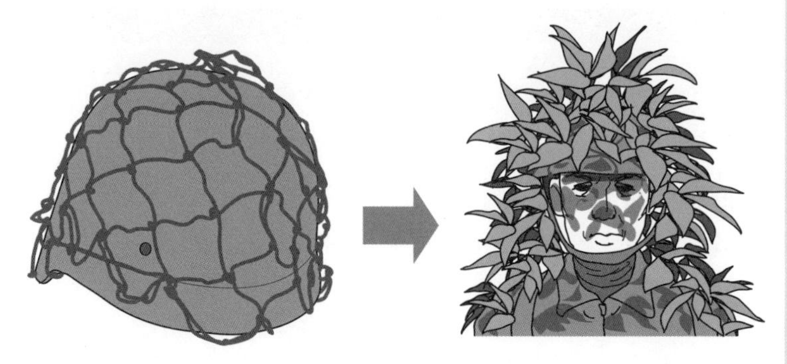

把網子蓋在裝備品上……

綁上葉子後就完成了！

● 大面積的偽裝時……

對象是車輛的時候，用的是事先在網子上裝有人工樹葉的偽裝網。

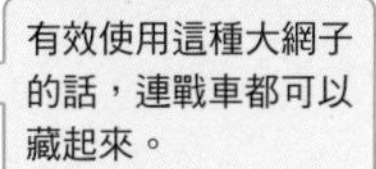

有效使用這種大網子的話，連戰車都可以藏起來。

小知識

偽裝網中有「Barracuda」這種瑞士製的網子，可以防止紅外線探測，被世界各國採用。

No.086

野外無線電是如何進化的呢？

在戰鬥中，想在不被敵人發現的情況下和我方溝通訊息的話，無線電話機是一種很快速的方法。第二次世界大戰時的無線電話機體形巨大，搬運不便，但現在已經小型化，可以讓士兵個人攜帶。

●以前是背著無線電話機走路？

無線裝置剛被應用在戰爭時，體積相當的大。為了能有較好的性能，所以尺寸必需有如柏青哥台、微波爐那麼大，因此只能在定點使用。

如果是戰車或飛機等有引擎的交通工具的話還比較無所謂，但如果是步兵隊要搬運無線電話機的話，就得使用背籠或背帶來背在背上才行。

近代軍隊中使用無線電的方法很多。現代美軍重視即時情報，所以盡可能地讓所有士兵攜帶無線電裝置，但還是只能給一個部隊（最小單位的班）一個，或是二個班構成的「排」共用一個無線電裝置。不過這裡所說的無線電裝置是「可以收發信號」的類型；如果是專門收訊用的接收器，則幾乎所有士兵都已有裝備。

現代的無線電話機越來越小型，班單位的短距離用無線電話機只有無線電話那麼大，排用則是小型筆電的大小。

大部分的無線電是以手持式麥克風和擴音器來通信，但如果要邊戰鬥邊通訊的話，會使用稱為Intercom或Headset（耳機）的收發信器。這是把麥克風和耳機合為一體的產品，因為直接裝在頭部，所以兩手可以空出來做事，是它的優點。

一般的耳機麥克風是從耳部延伸到嘴邊來通話，但如果是戰車兵或直升機駕駛員的話，容易因為引擎聲或螺旋槳之類的雜音太大，所以無法清楚地把自己的聲音傳達給對方。這時會使用把麥克風貼在喉嚨上，直接接收聲帶振動的「喉震式麥克風」。

無線裝置的進化

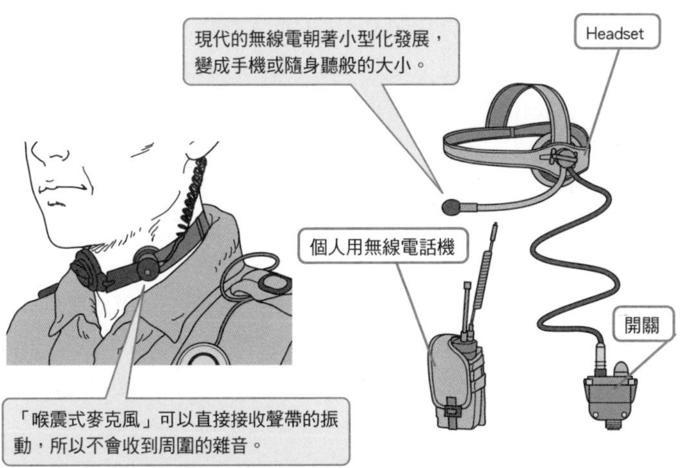

小知識

飛機的駕駛員或車輛的駕駛使用的對講機中有和頭盔一體成形的類型。

No.087

在戰場上是以人力來接電話？

說到戰場上的通信，就會想到無線電或手機。使用各種電波的無線式通信法雖然很方便，但也有容易被敵人竊聽的缺點。不需要擔心這種事的是使用電線（電話線）的有線通信方式。

●野戰電話機和電線盤

使用電話線的有線通信方式和無線通信比起來，具有能夠高速地傳遞大容量的資料的優點。上網逛圖片很多的網站或下載很大的檔案時，比起無線網路，Cable的速度會更快更安定，也是因為這個理由。

只有聲音的電話回路，在通信速度上的問題雖然沒那麼嚴重，但有線通信不容易被竊聽，也是一大優點。最近由於數位通信的普及，所以無限通信被竊聽的危險性也變小了，但有線通信只要接上電話線就可以通話的便利性仍在，所以依然被人使用。

有線通信是以電話線把二個以上的終端（野戰電話等）連結起來以進行通話。電話線如果因意外或被人為切斷的話，就無法通信，因此民間的電話線會以電線桿架在空中等不會被人或車輛碰到的場所。但戰場上不能架設顯眼的空中線路，因此只能把電話線埋在地下或穿過樹林來使用。也因此，鋪設作業最有效率的方法是人力。

為了搬運方便，電話線通常會以100公尺為單位捲在電線盤上。通信兵會背或抱著電線盤前往要連結的據點，把通話線連接在另一頭的野戰電話上。

線路的設置上，由於受限於電話線的長度，所以通話距離都是是線路可及的距離，也因此有線通信主要都是架設在我方陣地，但也常發生通話線被我方戰車或裝甲車的履帶碾斷的意外。這時通信兵必需把線路挖起來重新鋪設才行。

以電線盤來鋪設線路

鋪設線路最確實的方法是**人力**。

打著這樣的電線盤在據點與據點間接上電話線。

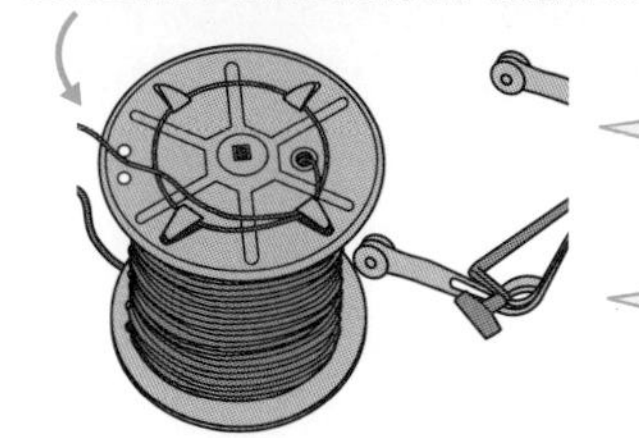

電線盤最多能捲350公尺的線，所以是人可以直接來回的距離。

穿過樹木之間或埋在地下，設置時要注意不會輕易地就被弄斷。

但是也有問題

- **不只敵方，我方也會不小心把線路弄斷。**
- **線路斷掉的話，直到重新接好為止，是無法通信的。**

這時候……。

通信兵要重新拉線，把斷掉的部分重新接上。

●電話線的兩頭連接的野戰電話

內部有2個一號電池。

電話鈴用的發電機。拉起手把轉動後對方的鈴聲就會響起來。

小知識

手搖式的野戰電話又稱為「磁石式電話機」，可以連接2台以上的電話。連結2台以上的電話時，是以轉動手把所產生的電力使交換器動作來播打電話。

No.088

像螃蟹眼睛般的望遠鏡是什麼？

可以在洞穴底部觀察敵人，不必冒著危險探出頭的裝備是潛望鏡。潛望鏡的構造是利用稜鏡或鏡子的反射（光的折射）來觀看高處的東西，把潛望鏡和望遠鏡結合起來就變成了叫做「蟹目鏡」的觀測儀器。

●是蟹目還是蝸牛觸角

蟹目鏡當然不是軍方的制式名稱，是因為2個潛望鏡像蟹目般地凸出在上面，所以出現了這個俗稱。

潛望鏡是在鏡頭的位置裝上稜鏡，用來看比觀測者的視線更高（或更低）的場所。所以可以把自己隱藏在安全的地方，以鏡頭來觀測周圍環境。

這種觀測儀器主要是分配給炮兵隊使用的大型望遠鏡，一般稱為「炮隊鏡」。是用來在發射大炮時用來確認著彈地點，以調整瞄準方位、或是躲在塹壕中探察敵人動靜的裝備。德製的炮隊鏡很有名，不過同時期各國都使著用同樣的東西，因此這並非德國的專利品（日本海軍中名為「觀測鏡」的儀器也是類似的裝備品）。

炮隊鏡本來的用途是從發射地點來遠距離觀測中彈地點，所以是在不會被狙擊或流彈飛來危險的場所，裝在相機腳架般的三腳架上使用。由於炮隊鏡有相當的重量，所以通常是和三腳架一起使用。但假如是單純作為望遠鏡使用的話，直接使用也沒有問題。鏡身和三腳架會被收納在專用的收納箱中，以肩扛或背負的方式搬運。

作為一般望遠鏡使用時，「蟹眼」的部分是合閉的狀態，但要正確測量遠方目標的距離時，蟹眼會被打開。這是因為雙眼間的距離越寬＝視差越大，可以在測量距離時越加減少誤差。以視差來測定距離的方法，通常是使用在軍艦的主炮或野戰用大炮的炮擊時。但德軍很有野心地把它搭載在豹式戰車的改良型上使用。

真正的名字是「炮隊鏡」

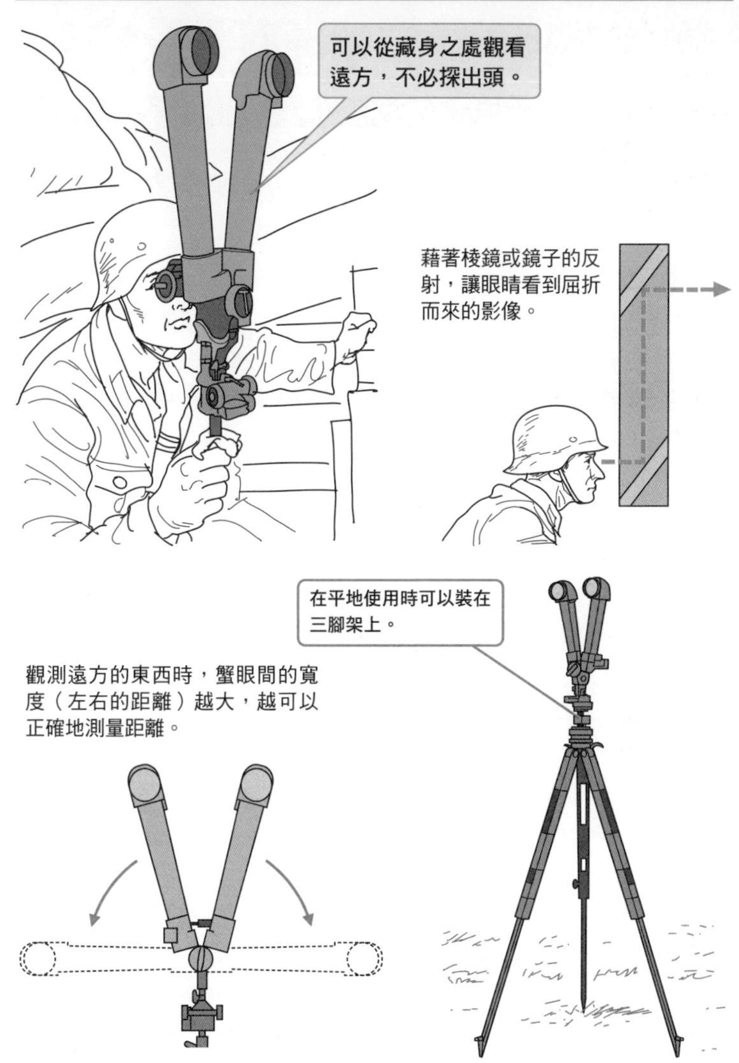

小知識

德國戰車隊的照片集中會有使用蟹目鏡的戰車長，但因為蟹目鏡並沒有分配給戰車隊，所以是屬於炮兵隊的裝備。

No.089

槍炮的彈藥是如何保管的？

槍器和大炮這類武器，如果沒有彈藥的話就毫無用武之地。槍器這個類別的武器有機槍、步槍、手槍等許多種類。就算是步槍，也有普通彈藥、穿甲彈、曳光彈等許多種類的彈藥存在。

●基本上是裝在箱中保管

使用槍炮的戰鬥，用掉多少彈藥，就必需補充多少彈藥數量才行。後方生產的彈藥會在裝箱後送到前線，但因為戰場所需要的彈藥種類和數量每天不相同，因此送達的彈藥會暫時集中放在「補給處」。在這裡調整數量後，把必要的彈藥數送到需要的戰場上，這樣才有效率。

彈藥的口徑不同的話，大小也不一樣，所以包裝時每盒的容量也不相同。較大的機槍子彈大約是一盒10發，較小的手槍子彈大約是一盒50發。

裝彈藥的盒子是由紙或保麗龍製成，有的會把數小盒裝在木箱中再打包起來運送。送達前線戰鬥部隊的彈藥——尤其是機槍的彈藥，會事先裝在彈鏈上，以100發～200發為單位裝在彈藥箱中，以便可以立刻使用。

彈藥箱除了搬運彈藥外，還可以擺放在機槍的供彈口附近。機槍可以長時間連續射擊，但不能像突擊步槍那樣以交換彈匣的方式來補充彈藥，所以把彈鏈連著彈藥箱一起放著，在彈藥用完時可以迅速補充新彈鏈。

彈藥的數量、種類很多，所以會把彈藥箱的尺寸與重量規格化，以便包裝。打包完畢的箱子外會被做下識別用的記號，具體的內容是以**模板**把彈藥的口徑、彈種、數量和批號等噴在外殼上，如果把包裝的重量和體積也寫上的話，在搬運時會更加方便。

美軍之所以強大，擁有新式武器和豐富的兵力當然是原因之一，但更重要的是重視物資補給的流暢度，並努力實現它的這點。

彈藥的保管法是裝在箱子裡

戰鬥會消耗彈藥

如果不補充用掉的彈藥，
戰爭就無法持續下去。

把必要的彈藥送到必要的地方。彈藥是裝在「彈藥箱」中管理。

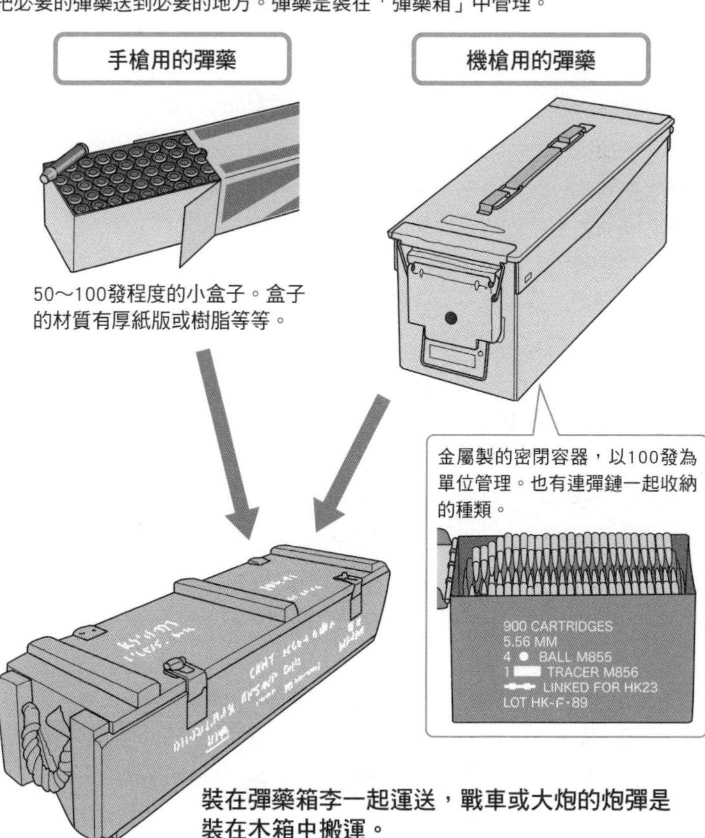

小知識

也有把彈藥和彈匣分開補給的做法，這時可能會發生「雖然彈藥很多但彈匣不夠」的情況。

No.090

軍用卡車和民間的有什麼不同？

作為把滿載的物資送到前線的補給基地，或是把武裝士兵送到占領地區等的交通工具，軍方和卡車的關係很深。但雖被稱為軍用卡車，除了施加綠色塗裝或迷彩處理外，外觀上和民間用車沒什麼不同。

●主要是以民間車輛為基礎

軍隊使用的輸送用卡車，基本上是以民間車輛為基礎，改變規格或施加小改造而成的裝備。但「必需以統一規格的車輛來大量調度物資」是陸軍的宿命，因此軍隊的卡車大多比當時民間的最新型來得舊。

自衛隊的卡車在隊員間被稱為「一噸半」、「三噸半」等，但一噸半卡車（標記成1 1／2t）其實是民間的二噸等級的車子。

以比民間車（基礎車）少的載貨量來稱呼，是因為這是裝載武器等需要小心拿取的物品，在崎嶇的道路或山路上行駛時的「標準載貨量」。當然，在平地或柏油路上行駛的話，就可以發揮車輛性能，裝載原本可以承受的重量。三噸半的車子可以裝載5～6噸的貨物（載人的話是22名）。

運輸用卡車的任務是搬運燃料、彈藥、士兵的食物、野營用的資器材等到駐守地或集貨點，但士兵本身也可以是搬運的對象。被要求自給自足的軍隊這種組織，基礎建設也得自己解決才行，因此需要以大型車來搬送物資和人員。而且把車子分成輸送物資用車和載人用車的話效率並不好，從整備和調度的角度來看，會希望兩者統一。

運送人員時，士兵會坐在裝在載貨台兩側的長凳式座椅上。之所以不把座位設成長途巴士那樣，椅子的方向和進行方向一樣，是為了保有放**背包**等裝備的空間，並且也是考慮到可以快速乘降的原故。

面對面式的長凳會讓搭乘者較疲勞，但這部分也有被規畫在計畫中，因此運送的途中會有休息的時間。

補給的主力

軍方用的卡車不是為軍隊特地研發的車子，大多是轉用自民間車輛。

而且運輸用車輛原則上必需大量地調度，所以就算舊式化了也很難換新。

小知識

有些吉普車之類的輕量車有防彈功能，但不管哪國，軍方對研發防彈卡車的態度都很消極。這是因為裝甲化的話，會讓最重要的運輸能力低落，而且運輸用卡車不會上最前線的原故。

No.091

「半履帶車」是什麼東西只有一半？

車體的前半是長鼻型卡車，後半是加上裝甲的載貨台，輪子是履帶的形式。這種車子被稱為半履帶車，但現在已經不常見到了。

●重點在後輪

第二次世界大戰時，除了汽車大國美國之外，汽車在其他國家都不普及，因此現在看來容易取得的汽車，在當時的優勢並不大。有些國家的陸軍採用的是轉用戰車或裝甲車的履帶技術而成的「半履帶車」這種車輛。

半履帶不指有一半是卡車，而是有一半是「履帶」。在當時，若想要具有某種程度的裝甲，又能在道路外行走的話，這種半履帶形式的車子造價相對便宜而且又有生產效率。重視機動力的德國尤其欣賞半履帶車，生產量是世界第一，第二名則是美國。

半履帶車可以載運士兵或輸送彈藥，是用途多而且通用性廣泛的車種。尤其車子的後半部是履帶這種在非馬路上也能有高機動力（又叫越野性）的形式，所以雖然比不上裝甲運兵車，但比一般的卡車有優勢。

比起全履帶的裝甲車或牽引車，半履帶車的優點是：堅固而且把構造輕量化，而且也因此降低了成本。由於半履帶車有些零件和卡車共通，所以能簡單取得修理用的零件，而且也不容易故障。

相反地，和裝甲部隊等的履帶車部隊一起行動時，則必需把履帶的尺寸改成和裝甲車、戰車的相近，來提高半履帶車的越野性。但半履帶車的優點「生產效率高」卻會因此消失，成為矛盾的點。

再來是，履帶車在迴轉時對變速器等部分造成的負擔很大，所以美製的半履帶車構造改成以前輪來改變車子的前進方向，好解決這個問題。

擷取卡車和履帶車的優點

**半履帶車不是一半是卡車（Haif-Truck）的意思，
而是一半是履帶車（Haif-Track）的意思。**

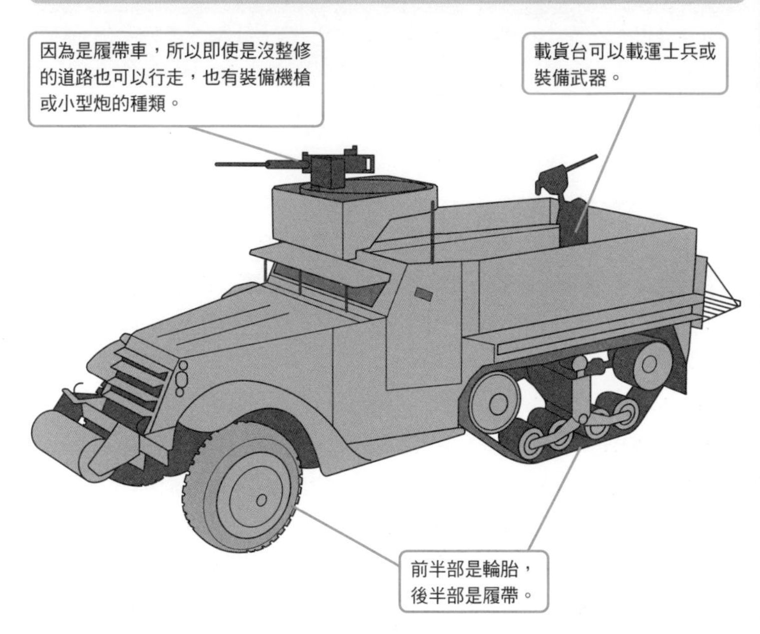

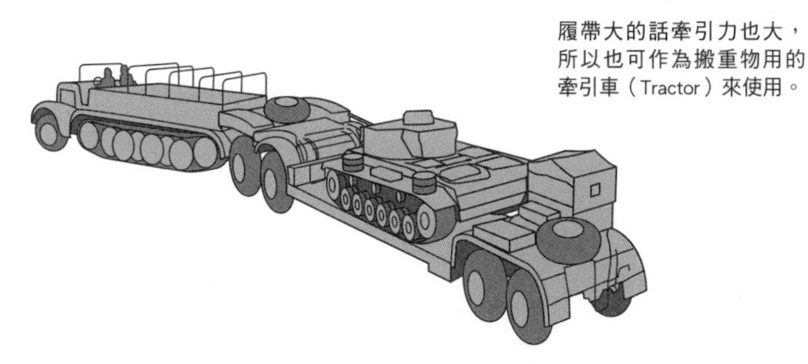

小知識

第二次世界大戰時美國和德國大量運用的半履帶車，在戰後，由於引擎車的快速普及，一般的卡車的生產和調度速度變得相對簡單，因此半履帶車就消失了。

No.092

吉普車可以走山路？

吉普車（Jeep）是一種成為小型四輪傳動車代名詞的品牌。是民間的汽車製造商在第二次世界大戰時，應美軍要求所研發出來的車子，特色是堅固耐用、即使道路崎嶇也能行走。

●在不是道路的道路上奔馳

第二次世界大戰初期，美軍注意到德國在侵攻波蘭時使用的名為「Kübelwagen」的車輛相當活躍，因此對將近130家的汽車製造商提出了「製造出以四輪傳動來偵查、運輸用的軍用車」的招標活動。之後在歐洲與亞洲進行評價實驗，於1942年開始生產數量龐大的吉普車，送到戰場上使用。

在大戰中，美國領先其它國家，把可以連發的步槍——M1加蘭德步槍投入戰場的故事很有名，但之所以有辦法把大量的彈藥快速送達前線，則是因為有吉普車的原故。當步槍或機槍因為連續射擊而使彈藥減少時，吉普車就會奔馳過去補給追加彈藥。

吉普車是四輪傳動車。一般的車子是把引擎的動力傳送到前方或後方的輪胎上的兩輪傳動車，但四輪傳動的吉普車則是把引擎的動力傳遞到前後方的四個輪子上，所以就算路面不平或是山路也可以行走。從「把物資送達需要它們的地方」的補給面來說，吉普車也可以說是引導同盟國邁向勝利的重要角色。

現在吉普車正在和更有力量的後繼車「HMMWV」做世代交替。HMMWV是比吉普車大一號的車種，可以兼作士兵運送用卡車，或搭載機槍、自動榴彈發射器等重火器的平台來使用。

由於軍方希望HMMWV能夠以一台車子兼做複數車種的用途，所以有很多配套及改造零件，以方便修理與調度。但因為HMMWV原本的用途是「代替吉普車的小型通用車」，所以有些車子被施加防彈等功能，把性能使用到極限。

小型四輪傳動車的代名詞

**在第二次世界大戰中登場的吉普車，
作為偵查、聯絡及輕貨物的運送車而大活躍！**

●美國工業力量的象徵：吉普車

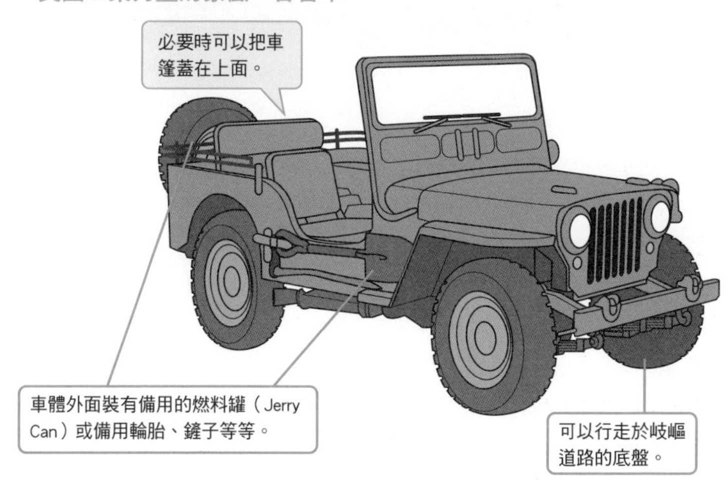

●吉普車的後繼車「HMMWV」
（High－Mobility Multipurpose Wheeled Vehicl＝HMMWV）

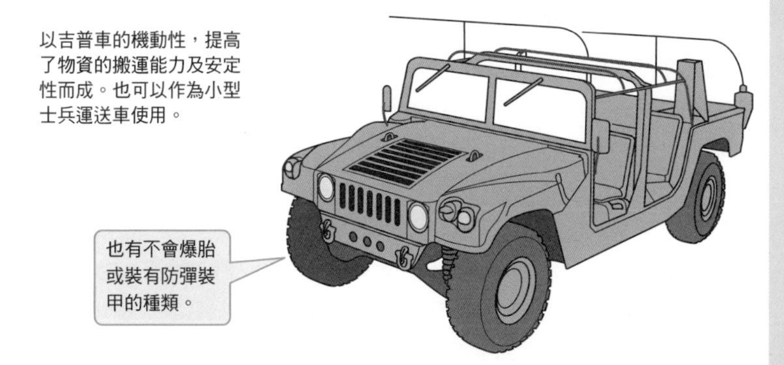

小知識

HMMWV以「Hummer（悍馬車）」的名字聞名，這是包含了民用車種類在內的原本名稱。

No.093

拖車的優點和缺點？

吉普車和卡車這類的車輛是以大量配備為前提，所以能把物資快速送達前線，但也有因戰況而使車數不足的情況。這時候派上用場的就是拖車。

●需要習慣與經驗（訓練）才有辦法駕駛拖車

拖車是被**吉普車**或**卡車**等的車子拉著走的一種平板車。被吉普車等小型車牽引的是兩輪的貨車型拖車，但大型車量牽引的拖車則是像卡車後半部載貨台般的形式。

把牽引車和拖車以栓狀的結構連結起來，拖車會以連結處為軸心左右轉動。車子的全長是「牽引車＋拖車長度」，但連結的部分會曲折，所以和同樣長度的卡車比起來，旋迴半徑小，能以較小的半徑轉彎或迴轉——這就是拖車的特色。

當要運送的物品超過載貨量時，只要換成大型的拖車即可，因此不需重新設計整台貨車，這是拖車的優點。而且趕時間時，只要把原有的拖車解開，換上別台拖車就能繼續運貨，可以省去裝卸貨物的時間。

相反地，由於拖車和一般的長型卡車的駕駛感覺不同，所以需要另外學習它的駕駛方式，達到熟練也需要相當的時間。倒車尤其困難，直線後退不容易，想要像路邊停車般地停在小空間內的話，必需重覆很多次才能做到。

除此之外，即使是平時的駕駛，拖車還是會有特別的動作。其中非注意不可的是緊急煞車或突然轉彎時，有緩衝裝置的牽引車會被拖車擠壓而產生「鐮刀效應」現象；或在煞車時，拖車的後輪卡住，因而以連結部分為軸心向前滑的「魚尾效應」現象；以及在高速中轉彎，因為離心力而使拖車和牽引車變成一直線的「Plow out」……等等，這些動作是很多拖車意外事故發生的原因。

拖車的動作

拖車是可以簡單增加車子的載貨量的重寶。

動作和同樣長度的卡車有相當大的差異。

駕駛時需要特別的技術。

吉普車和2噸級卡車牽引的拖車。

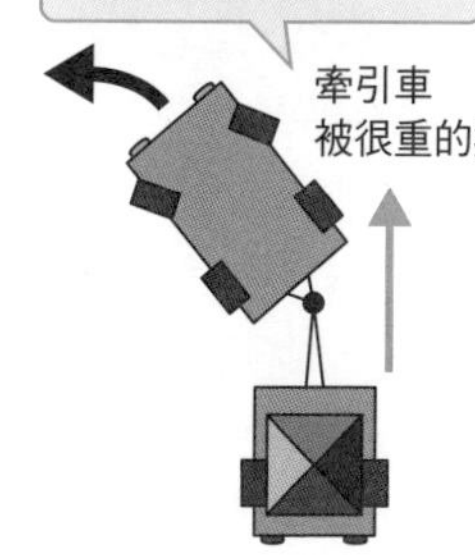

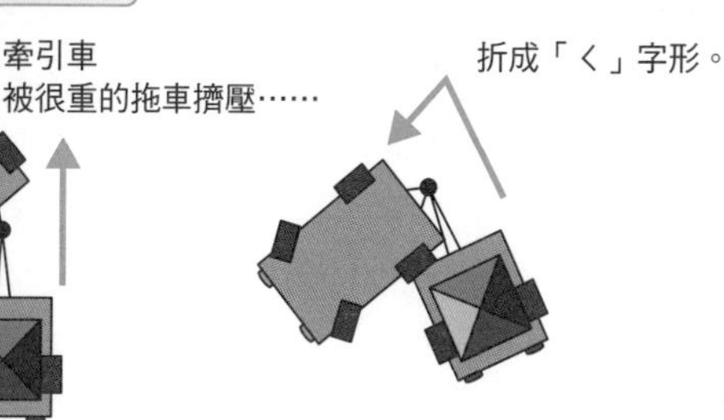

煞車時拖車的後輪卡住，因而向前滑出的現象。

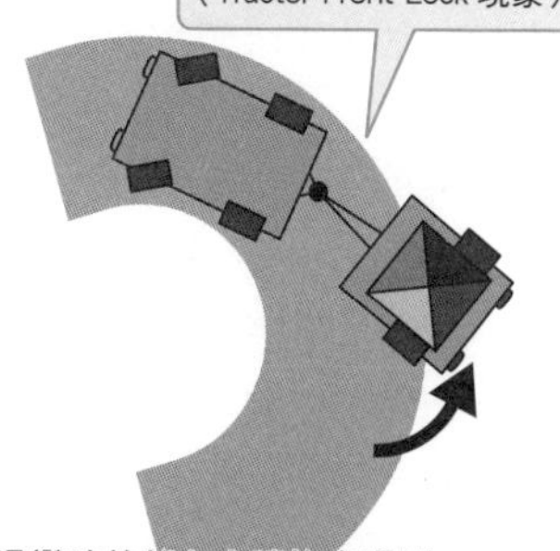

過彎時的離心力讓拖車滑到車道外的現象。

小知識

用來長距離運送戰車的「坦克運輸車」，通常也是拖車形式。

No.094

軍用機車是偵察專用？

機車從第二次世界大戰起成為軍用品。因為小型而且可以行走於惡劣的地形，所以主要是作為偵察或聯絡用途。在現代，無線電故障時也會以機車來傳送命令。

●機車和邊車

在第二次世界大戰時，機車是士兵的移動方法之一。雖說是軍用機車，不過那些機車並不是專門為軍隊設計的產品，基本上是以市面上的機車為基礎重新塗裝或進行小改造後使用。

改造的內容也很單純，就是加上摔車時可以保護引擎或懸吊系統不受損傷的保險桿，或是裝上可以載**無線電話機**、貨物等的載貨台這種程度的改造。如果機車的排氣量太少，速度就會不夠快，而且也難以在荒地上展現機動性，所以至少得是250cc以上的車子才行。一般軍隊使用的是750cc的重機車。

當時**吉普車**般的四輪傳動車還沒有普及化，所以機車除了作為移動工具，還被用在戰鬥上。但因為引擎或騎士這類「要害」的曝露範圍比車子多很多，所以對敵人的槍擊或炮彈碎片等的防禦力非常弱。此外裝載貨物的空間也不大，搭承人數也只有1～2人，不是很理想的軍隊移動工具。

而且機車還有在低速時會不穩定的特徵，因此邊騎邊射擊時的命中率不高。騎士要一邊取得平衡一邊準確射擊是很困難的事，就算是交給後座的人射擊，準確度也會受車子搖晃的影響而降低。

因此出現了被稱為「邊車」的追加用機車裝備。這樣一來車輪變成三個，可以增加安定性，也可以使用機槍之類的武器。

讓地位較高的人坐在邊車視察前線等，在道路的整備很完善的歐洲有一定的實用性。但邊車會損壞機車的最大優勢——越野性，所以現在已經從軍隊中消失了。

軍用機車的使用方式

機車的機動性高又有速度但……

● 英國的軍用機車「Triumph」

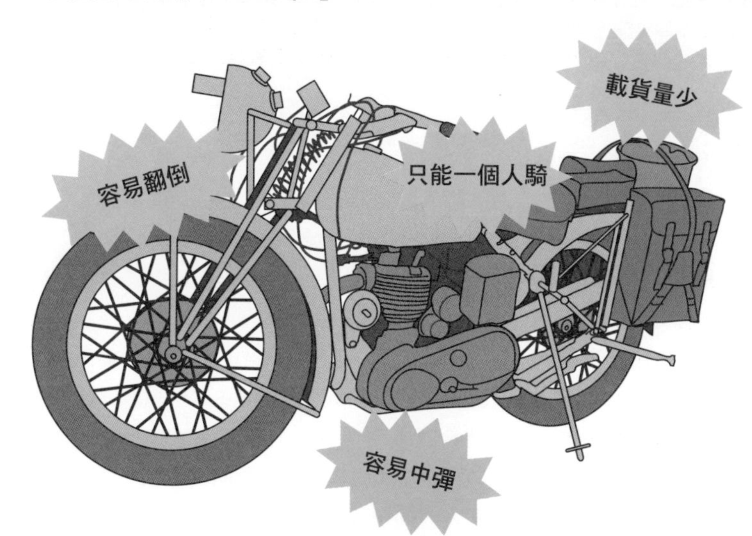

就算活用速度和機動性，
也只能用在以偵察或聯絡為主的任務上……

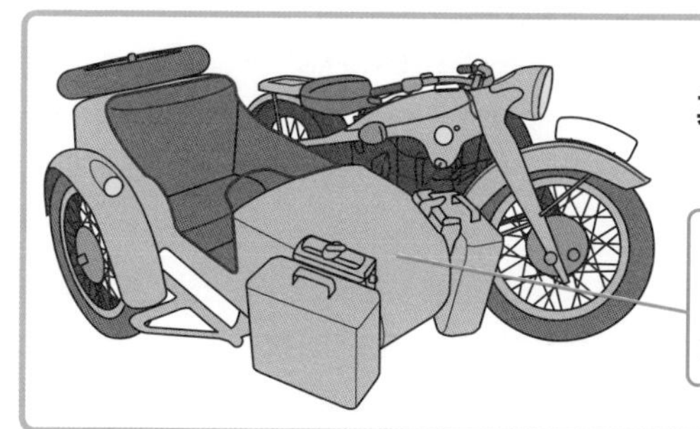

突破缺點的
其中一種方法是這個

BMW的邊車。讓地位高的人坐在邊車上視察各地。裝上機槍的話也可以在戰鬥中使用。

小知識

愛用邊車的主要是德軍和日軍。生產大量吉普車作為聯絡與運輸工具的美國、英國，則對邊車不太感興趣。

No.095

履帶式的機車是什麼？

汽車、機車的駕駛技術是完全不同的，所以有很多士兵說「我會騎車但不會開車」。因此出現了做出像駕駛方式像機車，但車子形狀像吉普車的車種的構想。

●德國誕生的小型通用履帶車

第二次世界大戰中後期，德軍調度了大量用來牽引火炮和貨物的小型履帶車。其中有一種是由機車和牽引車合體而成的「Kettenkrad」。

當時包含戰車在內，履帶車的駕駛方式都是以兩個握把來操作，駕駛方式很特別。而Kettenkrad是以機車般的握把來左右操作，使左右邊的履帶產生速度差，以這種方法來改變行進方向。由於只靠著迴轉把手就能夠改變方向，所以當時許多只會騎機車的士兵，可以用騎車的感覺來駕駛Kettenkrad。

由於Kettenkrad是以左右履帶的速度差來改變方向，所以就算前面的輪胎爆胎了也還是可以行動。但如果想以某種程度的高速來改變方向的話，輪胎與地面的磨擦力也是不能無視的。如果只是作為牽引車，以緩慢的速度來前進的話，輪胎的情況如何是無所謂；但是作為戰鬥用的機車型車輛來說，前輪的部分也是很重要的裝備。

Kettenkrad是為了在使用牽引車的空降作戰中使用，或是作為山岳地帶用的牽引車而研發出來的產品，生產了一定的數量。之後戰局改變，德軍不太進行空降作戰；但對蘇聯的戰場上有著會使機車和邊車無法動彈的豪雪地區或因融雪形成的泥濘地等惡劣地形，因此Kettenkrad作為「運輸、聯絡用車」而活躍在東部戰線。戰後，這類型的車不再被繼續設計研發，但小型雪上用車的「雪車（Snowmobile）」則繼承了Kettenkrad的精華部分，並且也被當作軍用車使用。

Kettenkrad是活用履帶的
牽引力及越野性能的小型車。

若要說Kettenkrad的優點的話……

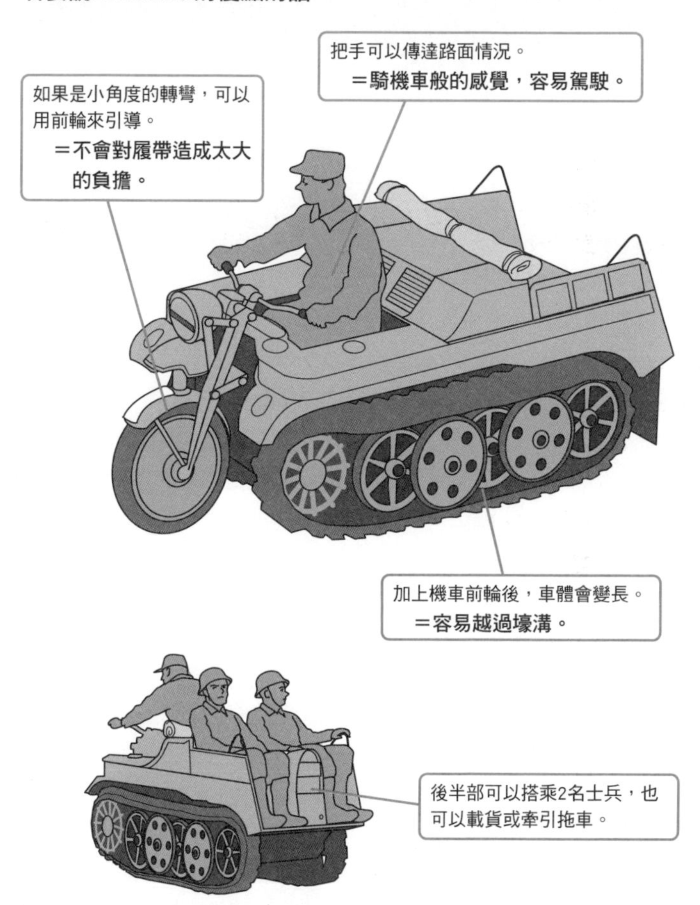

小知識

Kettenkrad在許多方面都是不完美的產品，因此包含德軍在內，在戰後就不再研發這種車的後繼車。

No.096

戰場上的加油作業是如何進行的？

不補充汽油或輕油的話，戰車或卡車就無法行動。因為戰場上不會有加油站，所以需要的燃料會分裝在汽油桶中之後運送到前線。

●以攜帶型容器把燃料運送到前線

和古時候以馬、牛來運送人員、搬運物資、牽引重物的方式不同，現代是以卡車之類的車子來作為運輸的主要工具。由於這些車子都需要有燃料才能行駛，所以燃料的保存量是很重要的事。尤其履帶車被稱為「大胃王」，會消耗大量的燃料。

補給計畫中不能有不確定因素存在，所以不能以搶奪敵人燃料的方式來作為長期保有燃料的手段。必需自行準備燃料送到前線補給才行，這時會把燃料裝在被稱為汽油桶的金屬桶中運送。

汽油桶的容量大約200公升，可以同時作為燃料的保管和搬運用途。雖然使用油罐車的話，可以一次搬運大量的燃料，但考慮到送達後再進行燃料的分裝需花上的工夫和時間，還不如一開始就分裝在汽油捅中搬送比較有效率。

雖然汽油桶放在補給地或駐守地時是沒什麼問題，但放車上的話尺寸則會太大。有些戰車會把備用燃料桶裝在車上，但**吉普車**之類的小型車就無法這麼做了。

面對這個問題，第二次世界大戰時的德軍發明了以20公升容量的方形汽油筒來搬送燃料。雖然這種方型筒不能像汽油桶那樣以滾動的方式運送，但因為它的尺寸小，士兵可以單獨搬運，也可以放在吉普車或卡車的載貨台上。

這種方形汽油筒稱為「Jerry Can」，立刻被同盟軍模仿使用。Jerry Can不只可以裝燃料，也可以裝水。作為水筒使用時，為了不和燃料筒弄混，表面上會漆上白色的十字，或貼上白色膠帶以做區別。

為了有效率地補給燃料

補充卡車或戰鬥車的燃料是必要的工作。

把燃料分裝後送到前線

不可能把車特地開回後方基地加油。

●汽油桶

容量約200公升。
重量約150～200公斤。
（會因桶壁厚度與內部的液體不同而有誤差）

橫倒時使用的供油口。

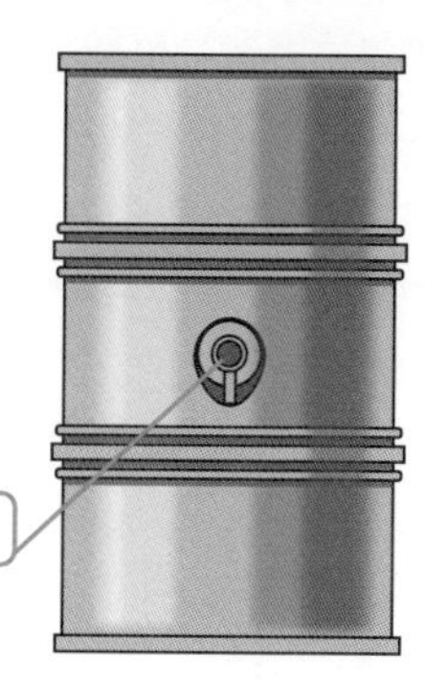

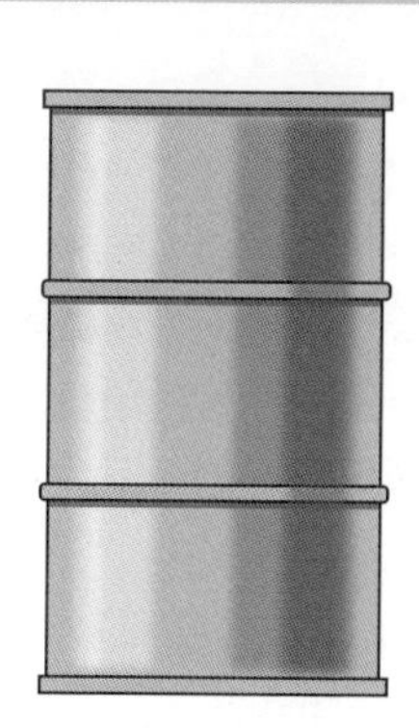

●Jerry Can

容量約20公升，
重量約15～20公斤。

德國製的產品的開口是鳥嘴般突出的形狀，美國的仿製品則是旋轉型的蓋子。

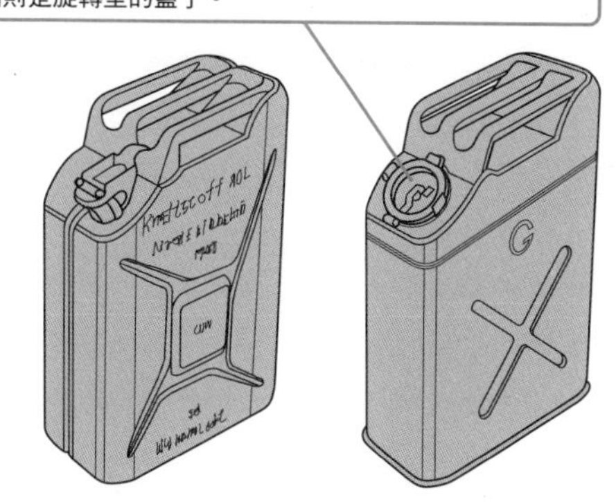

小知識

Jerry Can這個名字的由來，定說是因為做出這種罐子的是德國人（Jerry），「德國人（Jerry）的燃料罐→Jerry Can」。

No.097

沙袋可以擋住子彈？

沙袋是以堅固的布袋裝入土或沙而成。主要是作為前線的防禦用物品，以砂和土的磨擦力確實地抓住打過來的機槍或步槍子彈。

●以手槍彈藥之類的子彈是不可能打穿的

在戰場照片或戰爭電影中常可以看到機槍陣地的周圍或塹壕的出入口附近推積著沙袋的景色。沙袋是以麻或合成纖維製成的袋子（10～20kg的米袋左右），在其中裝入土或沙，堆疊在陣地周圍或是重要場所，是可以馬上製作出來的防禦用品。

沙袋作為防禦用品的優點有：可以簡單地搬運到想設置的地方。雖然有人會覺得，即使是輕的沙袋也有10～20kg重，大的沙袋的一袋可達40～50kg，這麼重的東西要如何簡單地搬運？但沙袋的內容物是土和沙——換句話說就是隨處可得的材料，可以直接在當地裝填。在設置前只是一些袋子，所以說搬運很簡單。

使用沙袋的話可以在空無一物的地方做出速成的防壁，除了在草原般毫無屏障的地方外，也可以在巷戰中作為**路障**的代替品，此外還可以用來強化既有的防壁，例如堆積在由水泥覆蓋而成，被稱為碉堡的防衛據點前方，或是貼在戰車正面、堆在戰車後方作為強化用途。尤其是堆在戰車上的沙袋，其中的沙土還可以阻隔反裝甲炮彈（HEAT）的火箭噴流。

在把沙袋疊高時，為了不使其失去平衡造成崩塌，會以金屬或木樁來貫穿固定。沙袋牆還可以作為洪水發生時的堤防，或在挖掘洞穴、溝渠時，堆疊來防止穴壁倒塌，在戰場以外的地方也很常使用。

在有需要的時候可以簡單準備好是沙袋的魅力

裝滿在袋子中的土可以成為
削弱槍彈力道的「保護牆」。

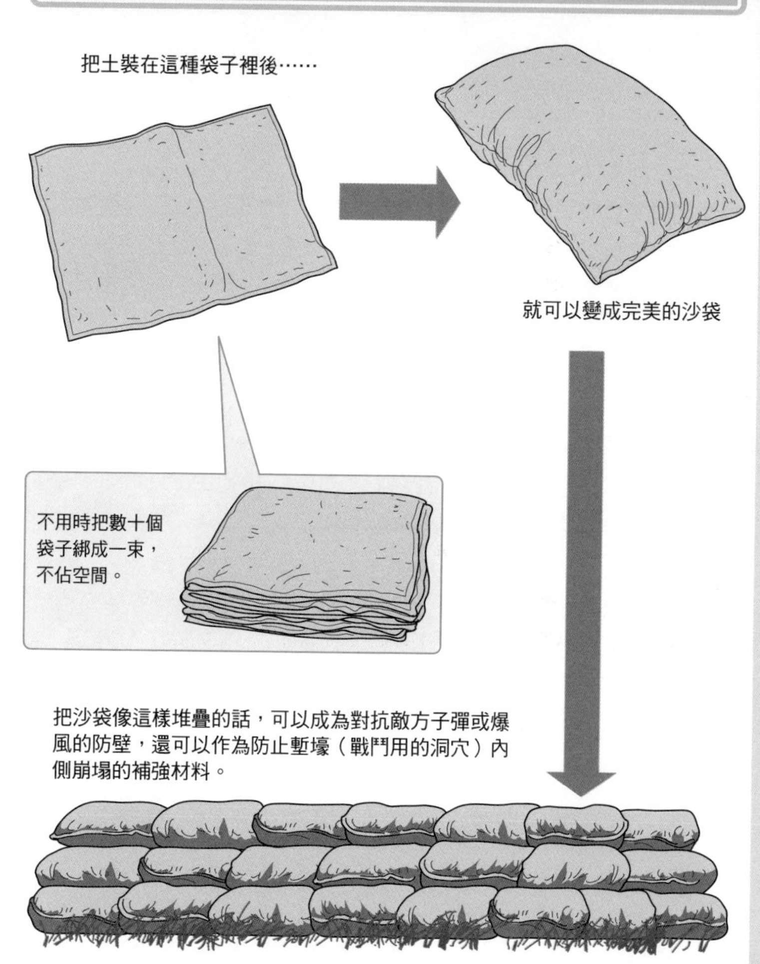

小知識

沙袋也可以在水災時作為堤防使用。但在這種情況時要拿到夠多的沙土製作沙袋並不容易。最近則出現了以高吸水性的樹脂製成的，碰到水後就會膨脹成沙袋（正確來說是樹脂袋）的產品。

No.098

鐵絲網有許多種類嗎？

在基地、陣地，或是看守所的周圍都會拉有鐵絲網，以防止敵人侵入或俘虜逃走。這種作為對人用的障礙物而製作的鐵絲網，有哪些種類呢？

●基本上是用有刺鐵絲做成的對人用障礙物

鐵絲網是以有刺鐵絲這種材料製成，用來阻止敵人侵入的**路障**的一種。有刺鐵絲是像荊棘一樣，上面有刺的鐵絲，由於形狀像荊棘——所以也被稱為棘線。

有刺鐵絲有許多種類，可以依鐵絲的數目或形狀來做區別。做成鐵絲網時可以拉得很直的是以較軟的素材做成的產品，容易扭曲，可以用鉗子之類的工具簡單切斷，作為障礙物的效果不好。

就算拉了也不能伸直，會變成線圈狀，呈螺旋環繞的鐵絲，是以和製作彈簧的材料相近的鋼材去做的，除非使用專門的鐵絲剪，否則無法切斷。線圈型的鐵絲網比直線構成的柵欄鐵絲網的不容易穿越，而且設置時間也較短。

像是緞帶般薄片狀，上面有刀刃的種類被稱為「刀片刺網」，不像有刺鐵絲是以尖刺來刺人，而是以刀刃來劃傷人。這種型的有刺鐵絲自第一次世界大戰時開始使用，雖然效果比普通的有刺鐵絲好，但因為是以不鏽鋼等材質製成，成本相對較高。

比起由木樁和木板構成的柵欄，鐵絲網的製作材料很輕。而且因為鐵絲網是以鐵絲構成，所以設置處的附近被炮擊時，爆風能直接通過，不會因此被吹倒，是不容易壞的障礙物。

除了柵欄型鐵絲網外，也有把木棒組合成金字塔般的形狀，排列起來後在其中間拉上鐵絲的類型。這種型的鐵絲網不必在地面打樁，而且設置後可以搬移。

有刺鐵絲和鐵絲網

第二次世界大戰時使用的有刺鐵絲

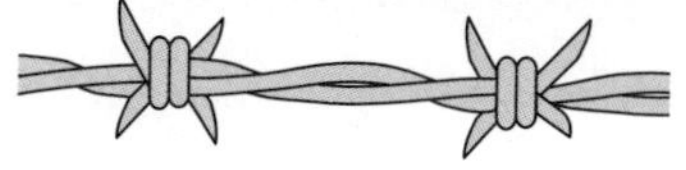

▲英軍是以2條編成

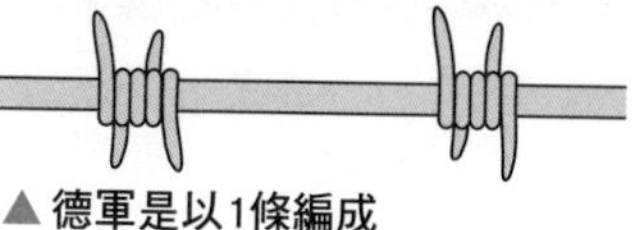

▲德軍是以1條編成

也有像是金屬薄片般的類型。

※不論製作材質的話，當時的有刺鐵絲的形狀和現在的沒有太大不同。

鐵絲網的種類

柵欄型

設置簡單但容易被突破。如果時間或人力夠的話可以加強成屋頂型。

屋頂型或線圈型

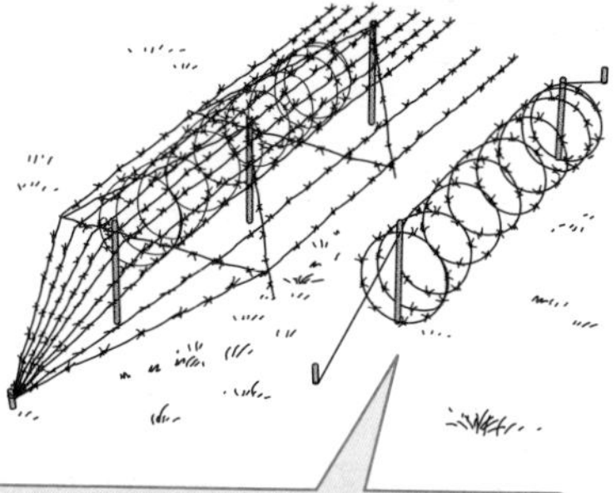

線圈型的設置和撤收都很簡單，而且不以專門工具的話很難突破。

小知識

過去突破鐵絲網的方式是由步兵以刀刃等工具切斷，但現在大多是以炮擊來直接炸飛。

No.099

難以突破的路障是怎樣的東西？

路障是用來阻止人類或車輛侵入的防壁。固守在建築物內部時，把桌椅之類的家具堆在入口不讓人進入，也算是一種路障。

●鐵絲網或是阻礙戰車的路障

作為對人用的路障，以有刺鐵絲和木樁等組合而成的**鐵絲網**是很有名的。第一次世界大戰時，為了以力量破壞由這種鐵絲網和塹壕構成的防禦線，所以誕生了戰車。

對人用的路障面對如同鐵塊的戰車是完全無力的，因此也出現了專門阻擋戰車用的路障。

在戰車被廣範圍使用的歐洲戰場，使用的是可以較簡單拿到的，由鐵軌和鐵板組合焊接而成的三角錐狀的路障。也有粽子型的水泥塊路障，但水泥塊和鐵條做成的路障不同，難以搬移，所以主要是放在要塞或沿岸的防衛據點附近。

想要阻止戰車的話，巨大的水泥塊或大岩石都很有效果。戰車炮雖然可以擊穿堅固的裝甲，但無法打碎實心的物體。

南韓在北緯38度線附近的路上配置了許多巨大的水泥塊來防止北韓的機甲部隊入侵。把大水泥塊堆疊在小水泥塊上，有萬一時以炸藥引爆小水泥塊，這樣一來上方的大水泥塊就會坍倒在路上成為路障。水泥塊對所有車種都有很效，伊拉克的軍事設施也有阻止車子自殺攻擊用的水泥路障。

沙袋或裝了沙或水的汽油桶也是很好用的路障，但在小規模的游擊戰之中，這些東西反而會被前來偷襲的敵人當作遮蔽物來使用。如果這種情況的話，使用有刺鐵絲或以鐵條組合而成的路障會比較適合。

不讓對方通過的屏障叫「路障」

阻擋人的對人用路障

要攀爬才能越過的籬笆類路障很好用。為求安心，別忘了加上有刺鐵絲。

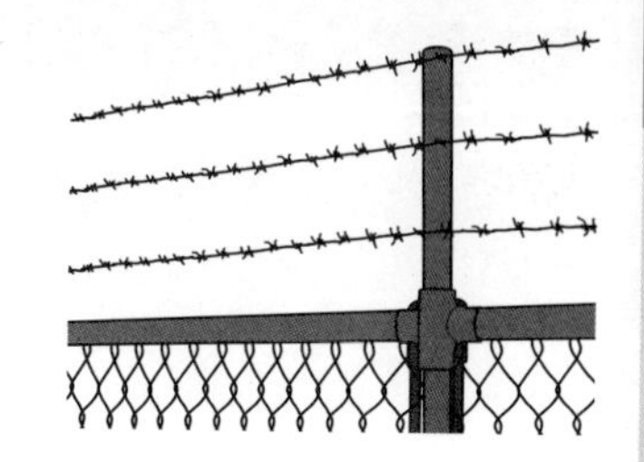

阻擋車子的車輛用路障

把木棒組合起來，或堆積沙包、越大越笨重的東西越好。

這個雖然稱為路障，但只是用來表明「不能通過」的意思而已。

阻擋戰車的戰車路障

戰車堅固沉重，所以把鐵軌之類的東西焊接起來當作路障。

可以預先把水泥做成的戰車路障設置在敵人可能會攻來的場所或重要據點。

小知識

近年來，為了防止恐怖攻擊或自殺攻擊用車，常有不到戰車路障等級的車障被設在檢查站或道路上。

No.100

抓到的俘虜要如何處理？

捉到敵對勢力的成員時，需要某些手段來限制他們的自由。如果可以關在監牢的話自然沒有問題，但如果俘虜想要逃走，或要把人從收監處移送到其他地點時，就要特別留意他們的行動。

●奪走手腳的自由

限制俘虜行動的慣用道具是手銬。手銬是嵌住雙手的手腕，奪走手部自由的一種拘束用具，通常是以鎖鏈連結兩個金屬環的形式。

為了不被輕易切斷，鎖鏈的部分是以淬煉過的金屬或特殊合金製成。也有做成鉸鏈狀的折疊式手銬。折疊式手銬在攜帶時不會發出金屬噪音，對治安機關來說使用起來比較方便。

相對於手銬，腳銬會讓人聯想到奴隸用的腳鐐，所以不太被主動使用。使用腳銬的情況大多是俘虜想要逃走時的暫時處置，或是給其他的俘虜警示之用。

如果只是要奪走雙手自由的話，其實也不一定非得把手腕固定起來不可，只要把和手腕相連在的手指固定住就好。這時使用的自然不是手銬，而是所謂的「指銬」，看起來像是迷你版的手銬般的道具。以指銬固定雙手姆指，和銬上手銬有一樣效果。如果無法取得指銬，也可以用綁線路的束線帶或是鐵絲來作為代替品。

想讓俘虜安分卻剛好沒有手銬可用時，可以用膠步來作為代替品。膠布是隨處可得的日用品，用途也多，平時帶著也不礙事。另外因為是膠布，所以還可以封住嘴巴，讓人無法出聲。

想要拉破膠布，需要有相當的力量。但如果膠帶邊緣有缺口的話，則可以很簡單地撕開。尤其布膠帶的黏力雖強，但只要以尖物穿刺的話就容易做出裂縫。

俘虜是……

讓手不能動！

● 手銬

可以固定住金屬環鬆緊的「雙重鎖」方式比較有保障。

● 鉸鏈式手銬

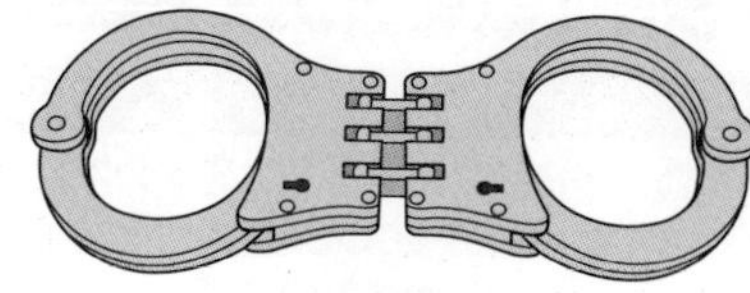

不會發出鎖鏈的噪音。

● 軟樹脂製的「束線帶」

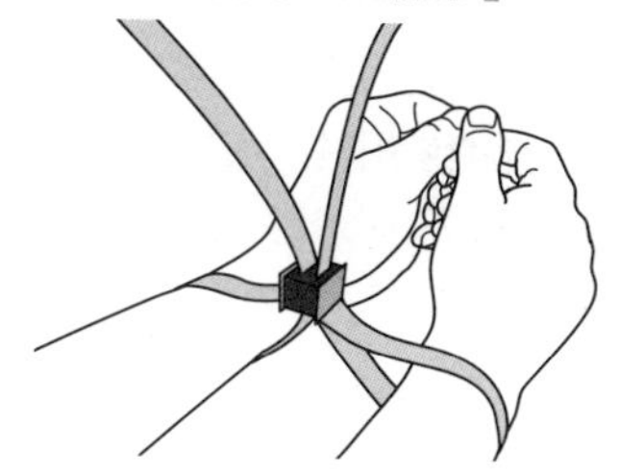

這樣使用。

讓腳不能動！

● 腳銬

不，只要固定手指就夠了！

● 指銬

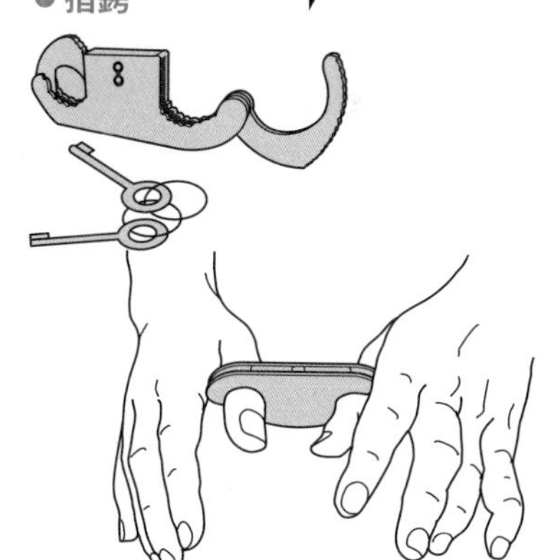

小知識

紙製的膠布必須以刀刃或剪刀切斷。如果用手撕斷的話，紙的纖維會讓斷面毛掉，會使膠布的構造崩壞。

No.101

屍袋是在什麼情況下使用？

發生戰爭的話就會有人死去。被奪走性命的人，是要曝屍荒野呢？或是埋葬起來呢？有些較幸運的人可以在家人或朋友的迎接之下回到故鄉。運送這些人回去時，會用到棺材或屍袋。

●直到放入棺材為止的過渡品

可以裝入死者，搬運到特定地點的東西叫棺材。但在戰場上不可能有空間來堆放大量棺材。雖然死者從前線基地被運回到家人、朋友等待的故鄉時會以棺材來搬送，但把人從戰場上帶出來時則是裝在更簡單的屍袋裡。

使用屍袋的優點有二個：一個是容易搬運。搬運不能動彈的人與搬運昏迷或死亡的人，難易度是差很多的。人在搬運重物時，會把重量集中在重心的位置，這樣才好搬運。搬沉重的沙袋時，用手拿或扛在肩、背上的重量感會差很多，也是因為這個理由。無法動彈的人，身體還是可以使出某種程度的力量，所以可以用槓桿原理來搬運；但失去意識的話重量會分散，所以很難扛起來。而且人類和沙袋不同，有雙手雙腳，在沒有意識時會晃動，徒增重量感覺（如果把人裝在袋子裡的話，就可以當做「一整塊」來搬運了）。

另一個是心理上的問題。當然，搬運屍體在心情上不會太舒服，但更重要的是衛生上的問題。人類死亡後全身的肌肉會鬆弛。並且會從身體流出淚水、鼻水和口水，甚至下方還會流出糞尿等等，所有的體液都會流出。如果可以在死後立刻搬運、埋葬的話是沒有這個問題，但戰場並不是可以這樣做的地方。

包含暫時性在內，如果不能當場埋葬屍體的話，還是得裝入屍袋中保管。屍袋內部有特殊的膜，不會讓體液和腐臭外漏。此外，由於屍袋是密閉的東西，所以還可以稍微減緩屍體的腐敗。

BODY BAG

是纖細的東西，所以也花費了許多心思來設計，並曾有過很多錯誤的嘗試。

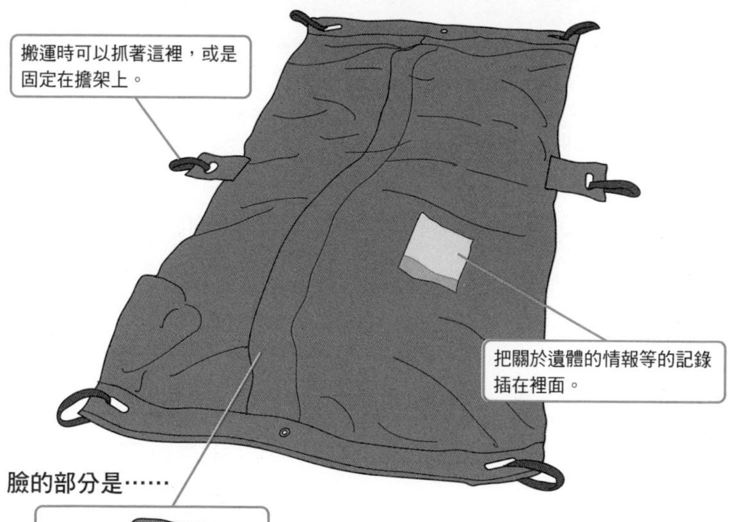

臉的部分是……

拉鍊在中央的垂直型。

依生產商
而有不同的樣式。

拉鍊是「ㄈ」字形打開的樣式。

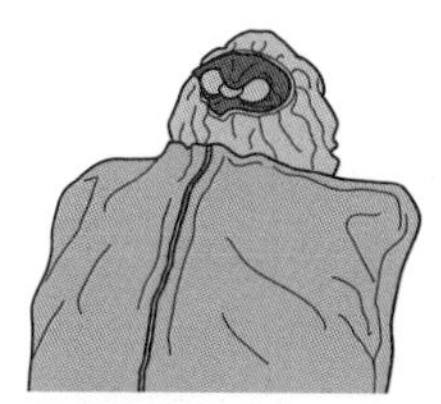
頭部被獨立出來，做成透明狀的樣式。

小知識

屍袋做成黑色，除了表示哀悼之意外，還有不讓血的顏色太明顯這個理由。

重要字彙與相關用語

英數字

■Alice Clip

1950年代以後，作為美軍步兵的裝備固定方法而普及化的金屬製夾子。也稱為「Sleight keeper」或「Alligator」。Alice 是由「All-purpose Lightweight Individual Carrying Equipment」縮寫而來，翻譯成「多用途輕型個人攜帶裝備」。

■Ammo Pouch

裝彈藥的小袋子，在日文裡稱為「彈囊」。在過去步槍是以稱為「Clip」的道具，裝入5發左右的彈藥後，收納在Ammo Pouch裡。裝盒型彈匣的袋子則稱為彈匣袋，兩者不同。

■Aramid

1960年代由杜邦公司所研發的有機纖維。特色是比尼龍強度更高，而且可以耐熱，被應用在消防服或防護服上。但因為很難染色，所以幾乎不被用在一般衣物上。

■Bakelite

酚醛樹脂的商品名。出現於第二次世界大戰，被應用在德軍的望遠鏡外殼或刺刀握把上。

■Bandolier

彈鏈。裝在箱型彈匣中，也可以裝榴彈。使用時常會捲或掛在身上。

■Bergen

英軍對背包的稱呼。

■Bifteck

牛排的法文。因為肉類是高價品，所以很少出現在軍隊的餐桌上，但上陸作戰的前一晚則是有肉可吃的特別日子。雖說如此，但肉還是太貴了，所以吃的是以食用膠黏合肉渣製成的組裝肉。

■Binocular

雙眼望遠鏡。軍用望遠鏡的倍率是固定的，通常是6～8倍。像步槍瞄準器般的單眼望遠鏡則是稱為「Monocular」。

■Biscuit

古代由葡萄牙人帶來的南蠻點心（Biscoito），在幕末時期作為保久食品受到注意，明治13年從英國輸入製造設備後成為普及化的食物。後來日本的製造業界統一了標準，把Biscuit定義為「少糖少油、口感酥脆、表面有打洞的食品」。

■Chakaman

一種棒狀打火機。以扣下扳機的方式點火。在幫固體燃料點火，或預熱攜帶爐時很好用。

■Chest Rig

連結數個彈匣袋，像腹帶一樣繞在腰上的裝備。以備用彈匣遮住胸腹之間的部分，除了方便拿取彈匣外還有防彈效果。

■Classic Tiger

虎斑迷彩（Tiger Stripes）的變化型，以綠色為基礎色。

■Cookie

美國傳來的點心。語源是荷蘭語中指稱小點心的「Koekje」，在昭和2年以Cookie之名開始販賣，昭和39年開始大量生產。日本對Cookie的定義是「糖分、脂肪佔全體的40%以上，口感脆、有手工般外觀的食物」。

■Dead stock

一般是指庫存品或庫存的不良品等，不過有時也會指稱沒使用過就流到民間的放出品。

■Dohran

塗在臉或手上的油彩。因為在森林或樹叢中，臉和手的顏色會很醒目，所以會塗上黑或茶色的Dohran來提高偽裝效果。訣竅是參考戰場環境的草木來做色彩的分配。

■DPM

英軍在1960年代末採用至今的迷彩圖案。以綠、茶、黑、卡其為基本色，特色是如同筆繪的花紋。DPM是「Disruptive Pattern Material」的縮寫，是預設成森林的圖案。其他還有「沙漠DPM」等沙漠用的變化型。

■Drag Handle

背心靠頸部的把手狀部分。因中彈而無法行走時，同伴可以抓著這部分來把人拖到安全的地方。

■Drain Hole

彈匣袋下方的排水孔，以雞眼補強。

■Duffel Bag

圓筒狀的行李袋，也就是所謂的「頭陀袋」。變更所在單位的士兵會在這種袋子中裝入衣物或打發時間用的雜誌等必備品後，前往赴任地點。

■Dump Pouch

大型的袋子，用來收納用過的彈匣。

■D環

形狀像是英文字母「D」般的環。大多裝在外套或吊帶上，用來垂掛手榴彈或手電筒等。

■Emergency Blanket

鍍鋁的聚酯纖維製布片。平時可以收納成拳頭大小，打開時有毛毯大。包住身體的話可以防止體溫外洩，保溫效果有一般毛毯的三倍。

■Entrenching Tool

鏟子或鍬等土木作業用工具的總稱。也被簡稱為E－工具。帶著鏟子和衛生紙去樹叢中上廁所被稱為「埋地雷」。

■Ersatz Coffee

以麥芽或菊苣製成的德國的咖啡代替品。有點苦味，可以吃下去的話，其他也沒什麼吃不下去的東西了，所以也可以指栗子或櫻樹的根。順便一提，意指真正的咖啡的單字是「Bohnen Coffee」

■Foliage Green

比軍綠色偏灰的深綠色。在採用ACU之後，軍綠色的裝備數漸漸減少，更換成FG（Foliage Green）色的裝備。

■Frog Skin

美軍極為早期採用的迷彩圖案。和青蛙背上的花紋相似。

■Gold Tiger

虎斑迷彩的變化型，以黃土色為基礎色。

■Hip flask

裝威士忌等高酒精濃度蒸餾酒用的容器，也稱為「Flask Bottle」或「Skittle」。特色是外形薄且彎曲，可以很方便地放在屁股的口袋裡。容量大約是在200cc左右，以盎司作為單位。

■Insignia

表示階級、部隊、特殊技能等的徽章。

■Interceptor

美軍使用的護甲。特色是和過去的產品相比，可以對步槍子彈（7.62㎜口徑）有某種程度的防禦力。依情況可以在頭部、肩膀、腹部等處追加選擇性裝備。

■Jungle Fatigue

美軍在越戰時裝備的熱帶用野戰服的通稱。軍隊內部會單純稱之為「Tropical Combat Uniform」。

■Maglite

手電筒的一種。依電池的尺寸及數目，從警棍般大小到筆型的產品都有。旋轉前端的話可以調整光線的焦點。耐用而且防水，警棍尺寸的手電筒還可以拿來打人。

■Malice Clip

樹脂製的固定裝備用夾子。除了取代Alice Clip之外，因為寬度和織帶相同，因此也可以作為MOLLE等的固定裝備用轉換零件來使用。

■MCI

在越戰時分配給美軍的口糧。主要以罐頭為主，是Meal Combat Individual的簡稱。常和「RCI」混淆。

■Mess Kit

由Mess Pan或飯盒等的容器，和叉子、筷子等餐具構成的野戰餐具組。大多是金屬製，也可以拿來做調理用具。

■Mess Pan

圓盤狀的野戰用餐具，蓋子上有折疊柄，拉開後可以當平底鍋使用。底部也被劃分區塊，可以把各種菜餚分開。「飯盒」也是Mess Pan的一種。

■Mess Tray

在前線領取配給的食物時使用的餐盤。分為數格，可以裝盛主菜、副菜，但因為盤子很淺所以無法裝湯。材質主要是不鏽鋼或塑膠，但也有紙製品。

■MRE

美軍的口糧。為了方便攜帶與減輕重量，所以特色是調理包的形式。Meal,Ready－to－Eat的簡稱。在1980年代初導入軍中。”

■MULTICAM

作為對應所有環境的迷彩而研發出來的「多地形迷彩」。是讓人類的眼睛焦點無法注意的圖案，也被稱為隱形迷彩。和ACU競標後落敗（據說是因為布料較高價的原故），轉用在民生用途，被民間的軍事公司採用。

■Nalgene水壺

用來裝飲料或水的聚碳酸酯製瓶子。由於重量輕、密閉度高，作為登山或運動用品很受歡迎。也被士兵作為水壺的代替品使用。

■Naporitan

把義大利麵加入培根、洋蔥、蕃茄醬炒成的料理。作為美軍的口糧而聞名，制式名是「Italian Style spaghetti」。在第二次世界大戰後被引進日本，取名為Naporitan。但和義大利的拿坡里並沒有任何關係。

■Natick

位在波士頓納提克郡的美軍技術研究所。在第二次世界大戰後作為陸軍補給部的研究設施開始運作，研發所有士兵使用的裝備品。座右銘是「我們會全力提供世界上最好的裝備、服裝、食物、防護給我國的士兵們」。

■Nomex

杜邦公司研發的尼龍纖維。是耐火、耐熱性優秀的難燃性素材，被應用在飛行員的裝備上，在民間是被廣泛應用在工業用途上。

■Open Top Pouch

沒有袋蓋的彈匣袋。袋中有以Kydex製作的裝置，可以夾住彈匣。彈匣有一部分露在外面，容易拿取。

■PALS

在把尼龍帶等間隔地縫上的「織帶」上，以Malice Clip之類的連結附件來固定裝備的方式。PALS是「Pouch Attachment Ladder System」的簡稱，採用這種方式的裝備品稱為「PALS對應」。

■PASGT

1980～2000年代初期為止美軍使用的防彈裝備。PASTG是「Personnel Armor System for Ground Troops」的簡稱，也可說是地面部隊用的個人防護系統。以Fritz頭盔和護甲構成。

■PX

軍隊的基地內商店，是「Post Exchang」的簡稱。在PX店內賣的，和正式品規格幾乎相同，但並不是制式裝備的商品，被稱為PX品。

■RCI

美軍在韓戰時分配的C口糧的改良型，制式名是Ration Combat Individual。

■Respirator

意思是呼吸器，但在英軍中是指防毒面具。

■Ripstop

為了不讓服裝或裝備的布料破裂後，破洞會越來越大而做的一種加工。是「停止破裂」的意思。以較粗的線或複數的線縫成格子狀。降落傘也以這種方法加工，以免破洞擴大。

■Saratoga Suit

德製高性能NBC防護服。因為使用高機能素材，所以可以穿著戰鬥（45天左右）的頂級產品。一般來說NBC防護服只要被污染過一次就必需處分掉，但Saratoga Suit可以用高溫的熱風（或是蒸氣）來清洗。造價非常高。

■Separates

陸上自衛隊原使用的雨衣，是戰鬥雨具的通稱，在雨天行軍或救災時使用。但一濕掉就會變得很悶熱。

■Speed Lace

靴帶綁法的一種。靴帶孔做到腳背，但上部有鉤子，可以快速穿脫。

■Stock Number

管理軍隊物資用的編號。採用成為制式的裝備品一定會在某處標有這個編號。

■Strike Plate

陶瓷製防彈板的一種。被擊中時會破裂，藉此吸收中彈的衝擊，裝在防彈背心中使用。

■Subdued

英文「低視度」的意思。意指以軍綠和黑色、茶色和淺黃色等配色製作的徽章類物品。

■Surefire

手電筒的一種。在軍隊和警察中很受歡迎，也有許多可以附加在手槍或衝鋒槍等上的款式。雖然是小型，但亮度很高。

■Telogreika

蘇聯軍的防寒服，有點像裝了棉花的羽絨服。基本上是穿在外套裡面，不過大部分的人是直接穿。

■Ushanka

蘇聯（俄羅斯）士兵代替野戰帽的毛皮帽子。和「銀河鐵道999」的女主角梅德爾戴的帽子很相似，但Ushanka的兩耳處有下垂的耳罩。

■Vibram鞋底

靴底的溝紋之一。特色是如同登山靴的溝紋般般凹凸分明，是以長時間徒步行動為前提設計的。Vibram是商標名，所以有時也會稱為「Lug鞋底」。

■VietCong

越戰時對北越士兵的蔑稱。是「越南的共產主義者（The Vietnamese Communists）」的意思，所以除了北越的士兵外，游擊隊員也全被稱為VietCong。

■Vinylon

繼尼龍之後研發的日本製合成纖維。可以說是輕量化後的帆布，直到1990年代為止被用在自衛隊的裝備上。

■Walkie Talkie

美軍過去使用的小型無線電話機。大小和特大尺寸的手機差不多的是「Handy Talkie」，也有和礦泉水的寶特瓶（大）差不多的種類。

1～5劃

■丁基橡膠

一種抗熱和抗腐蝕的合成橡膠，被應用在NBC的防護服上。由於幾乎不透氣，所以穿著丁基橡膠製的NBC防護服工作30鐘後，熱氣就會悶在內部而很不舒服。

■刀具（Cutlery）

野戰餐具中刀叉和湯匙之類的物品。第二次世界大戰時，德軍使用的是用瑞士刀般的「組合式」刀具。

■小腿掛槍套

在褲子內側等處的腳踝部分裝上手槍槍套。可以攜帶備用的小型手槍。

■工裝褲（Cargo pants）

大腿或膝蓋的部分縫上「貼袋」的褲子。是許多野戰服採用的形式，但原本是貨船（Cargo ship）的船員在穿的服裝，因此得名。

■午餐肉（SPAM）

藍色方形的豬肉罐頭（把加入香料的絞肉壓製成固體後加熱處理的罐頭）。有一說此語是垃圾信件「Spam Mail」的語源。

■巴拿馬鞋底

叢林靴所採用的靴底溝紋。比Vibram鞋底的溝紋寬，所以不容易卡到泥土。

■火豬

古羅馬為了對付「戰象」而投入的生物武器。在豬的背上塗油，點火後奔向敵軍的殘忍戰術。

■牛皮膠布

修補排氣管時使用的膠布。可以用來

固定士兵的裝備或做應急修理。緊急時還可以代替繃帶使用。

■加給食

對戰鬥部隊和重勞動部隊，會增加供應的伙食分量，稱為加給食。有增加進餐次數或是增加餐點分量兩種做法。

■半長靴

陸上自衛隊穿的靴子，因為長度在腳踝到膝蓋的中間部位，所以被稱作半長靴。是鞋帶上穿式的堅硬靴子，透氣性差，夏天容易長足癬。

■四合釦

以凸釦和凹釦組合起來的金屬固定用具。也稱為「Snap Button」。

■外披

自衛隊隊員為了防寒或擋雨，穿在野戰服外面，類似野戰外套或半大衣般的衣物。

■巧克力片迷彩

海灣戰爭時美軍採用的沙漠迷彩。預設在美國國內用的沙漠迷彩是「有許多岩石的沙漠」的圖案，在中東的沙漠中無法發揮好的效果。也稱為6 Color Desert。

■布貼（Patch）

表示所屬部隊的布貼，大多以刺繡製成。圖案或文字具有黑色幽默的布貼稱為「Joke Patch」，把所有該縫上的布貼全縫在衣服上的狀態稱為「Full Patch」。

6～10劃

■仿製品（Replica）

複製品。在尊重原版的情形下，製造同樣規格的產品給無法取得原版的人，和山寨版（Copy）不同。有時會故意降低產品的性能。

■冰毒（Philopon）

第二次世界大戰時日本分配給士兵用的提神品，也就是所謂的興奮劑。加在玉露茶粉中做成藥碇來食用，或是直接注射使用。飛行員或站哨人員、民間工場的作業員等等，都會使用冰毒。戰後被大量流到市面上，成為社會問題。

■冰淇淋

美國人最喜歡的食物。第二次世界大戰時開始，戰場上有冰淇淋推車提供士兵食用。在排隊時有「不管階級多高都不可以插隊」的不成文規定。

■合同編號（Contract Number）

美軍裝備品上的管理編號。號碼會印刷在標籤上，依年度而有細微的不同。

■地雷犬

背著強力炸藥和引爆開關鑽到戰車下方的狗。發明這戰術的蘇聯軍稱之為「反坦克犬」。

■冷凍乾燥

把急速冷凍的食品放在真空狀態中，使內部的冰蒸發後，再次乾燥而成。可以在不損壞食物的美味之下長期保存食物。也被稱為真空凍結乾燥。但不是所有的食物都能用這種方法處理。

■尾端處理

把帶子或繩子調整成需要的長度後，為了不讓多餘的部分晃來晃去，所以會以膠布之類綁起來。從防止出事的觀點來說，多出來的繩帶可能會纏繞在意料之外的地方而造成危險，所以尾端處理是很重要的事。

■豆子料理

豆類的澱粉多，而且乾燥後可以放很久，因此曾是歐洲的重要糧食。在過去也是軍方的食材，美中不足的缺點是容易哽在喉嚨。美國也有稱為「Pork & Beans（Baked beans）」的傳統料理，在南北戰爭時供應給士兵食用。

■防止脫落

為了不讓裝備品或小東西遺失，以繩子或膠帶固定住物體的行為。自衛隊的演習中除了刺刀或水筒之類的裝備外，槍的可動部位等可能會脫落的地方也都會做防止脫落的處理。

■防彈板背心

以防彈板和帶子做成的防具。比護甲動起來方便，但除了有防彈板的部位外沒有防禦力。

■防彈胸罩

只是普通的沒有鋼絲的胸罩。由於曾有女性警官穿著防彈服時因為內衣的鋼絲而受傷的前例，所以把胸罩上所有的金屬品全部取除。不過因為是「和防彈背心一起穿戴」的衣物，所以被誤會也有防彈效果。但絕對沒有「以克維拉纖維特製的胸罩」這種事。

■制式化

軍隊或警察等組織在採用新裝備時，給予裝備制式名稱的這件事。也可說成制式採用。

■咖啡汙點迷彩（Coffee Stain）

美軍從海灣戰爭的教訓中開發的沙漠迷彩。把戰場預設在中東地區時使用的沙漠的圖案。此外還有3 Color－Desert的種類。

■垃圾袋

為了不留下痕跡，所以部隊會把野營時的垃圾全部埋起來或是打包帶回去。也可以作為紙類、換洗衣物等怕水的物品的防水道具。

■定位置

規定物品的放置場所一事。在自衛隊中，上自車輛下至煙罐類的小東西，都有規定它們的定位置。

■定數

每個部隊規定的物品定額，超過這數字的是「定數外」。負責補給的隊員大多需要應付清點保管定數外的物品的突襲檢查。

■官品

以官費（稅金）來購買、支付的物品。也可以說成官給品。也可以用來指自衛官的小孩（以稅金養大的孩子的意思）。

■抽繩（Drawstring）

為了束起袋口或衣服下擺等用的繩子，零錢包的束袋繩很像，以塑膠製的卡楯固定繩子，不讓開口鬆開。

■肩掛槍套

以固定用皮帶裝在身上，在腋下的部分佩戴手槍的槍套。如果使用者是右撇子，就把槍套裝在左腰部。因為只要穿上外套就可以藏住槍，所以刑警很喜歡用這種槍套。但對快速拔槍來說不是很有利。

■青蛙

具有天然迷彩的生物。有些個體對環境的適應性特高，可以依周圍狀況來改變體色或迷彩圖案。有些時候還會從天而降。

■軍用海獸

受過軍隊訓練的海豚或海獅等等的動物。可以發現海中的水雷或是擊退從海中襲擊的恐怖分子、保護水底作業的潛水員不被鯊魚攻擊等等。

■捆綁

以繩索等帶狀物把物品固定住的動作。

■校園泳裝（School Swimsuit）

在軍服插畫中很常出現的防護衣。原本是用泳具，但也可以對應陸戰與空戰。簡稱為「史庫水」（音譯），但畫者作畫時幾乎以早期的「舊史庫」款式為主流。

■馬達發電機

在野營的時候作為電源使用的小型發電機。因為是發動機（馬達）式的發電機，所也被稱為「發發」。舊型的馬達發電機需在飛輪上纏繞繩索來轉動引擎，發動時頗為麻煩。

11～15劃

■假傘兵

在空降時，為了引開敵人目光而丟下的等身大假人。因為飛機內的空間有限，所以裝載時是折疊在一起。內建定時裝置，丟下後經過一段時間後會發出機槍發射時的聲音。

■假碗

指樹脂製的頭盔。主要是指「金屬製頭盔的模造品」，所以不包含以樹脂和克維拉纖維製成的強化頭盔在內。似乎是以自衛隊對鐵帽的黑話「鐵碗」為基礎變化而來的樣子。

■教範

自衛隊在訓練之類的時使用的教科書或說明書。會依職種或隨裝備一起準備。

■袋蓋

軍服口袋或各種袋子上的蓋子。

■這可以吃嗎

（Materials Resembling Edibles）

前線士兵對MRE口糧的稱呼。由於重視保久性，所以味道很差，因此被士兵取了這個渾號。其他還有「Meals Rejected by Everyone」等的說法。

■傘兵外套

是第二次世界大戰時美國空降部隊用的野戰服M1942 Jump Jacket的俗稱。整體設計細長，但腳的貼袋部位可以裝入相當多的東西。和戰車外套相同，在M1943外套出現後因整合而消失。

■傘繩

連結降落傘和人的繩子。非常堅固，可以拿來捆綁東西或防止脫落、還可以當成鞋帶或步槍背帶來用。把切斷面用火烤過的話繩子就不會散掉。

■復原

修復某個東西的意思。特別含有「回復古老東西的機能」之意，和普通的修理不太一樣。

■掌握

把某個東西變成自己的東西的行為。例如掌握持有人不明的糖果、在酒吧裡掌握了煙灰缸……等，有拿回家、帶回家的意思。

■插扣（Side Release Buckle）

以塑膠製的爪子固定的扣子。也能作為民生用品的腰包的固定用具等。也有以商標名「FASTEC」來稱呼的事。

■登山扣（Carabiner）

可以打開的金屬製環，是可以快速地把物體和繩索連結在一起的道具。原本是登山用具，但用來掛小東西或穿過皮帶也很方便。在大創之類的百圓商店可以買到強度較低的同類商品。

■發霉

水合系統的天敵。因為管子很難清洗，裝入水之外的運動飲料的話會容易發霉。另外還沒有全乾的靴子，如果不注意的話也會發霉，所以要小心。

■絕緣膠帶

電工用的接受過絕緣處理的膠布。可以用來防止管線散開或是固定小零件。掛在登山扣上的話可以很方便地使用。

■圓匙

自衛隊對鏟子的稱呼。野營時用來在帳篷周圍挖排水溝或是挖隱身的洞。

■媽媽的蘋果派

讓美國人很有精神的武器。以前的美國人認為吃蘋果可以預防生病，受傷也會馬上好起來，所以美國陸軍曾把（不是媽媽的）蘋果派的食譜列在野外料理說明書中。

■搬運食

自衛隊在進行演習等活動的時候，從鄰近的駐守區運送過來的已調理餐點。

■煙罐

煙灰缸。不管材料或形狀如何，只要是用來把煙蒂丟進去的容器都算在內。

■照片

放在戰場的士兵的口袋中的護身符。照片上可能是女友或妻子、孩子。也有可能是全滅的部隊的戰友。持有什麼照片決定了擁有者的命運，所以必需謹慎挑選，不可大意。

■腰帶環

用來吊掛槍套或是袋子類東西的環。以環穿過腰帶來固定裝備品。為了分散施加在腰帶上的重量，所以環的寬度也做得較大。

■腰掛槍套

穿過腰帶，把將掛在腰部用的槍套。因為是掛在上衣外面，無法藏住槍，但可以很快地把槍拔出。

■腹帶（Cummerbund）

包覆護甲或防彈板戰術背心弱點——腰部用的防護用具。語源來自穿燕尾服時代替皮帶用的腰帶。

■像素圖案

美軍「ACU」等使用的迷彩圖案。特色是由小塊的方形（像素）組合成的馬賽克模樣，是由電腦設計出來的。

■滾筒衛生紙

野營時的必備品。除了上廁所外，也可以擤鼻涕或是擦拭餐具上的髒污。收納時只要把中間的厚紙芯抽掉，就可以減少許多空間。

■聚酯纖維

1950年代研發出來的化學纖維。比起尼龍，吸水性差，所以不吸汗，但相反地，優點也是快乾。

■腿掛槍套

用來把槍掛在大腿部位的槍套。優點是在拿步槍射擊時不會造成防礙，而且也可以掛上大型手槍或衝鋒槍。

■製麵包連

熱愛麵包的德國所編制的專門烤麵包部隊。每天從一早開始烘烤麵包供應給其他部隊。

■彈藥搬運犬

在塹壕戰中，用來運送機槍彈藥或手榴彈給被分散的我方陣地的狗。物資的話則有專用的貨車或以橇來運送。也有以狗來運送醫療用品或鋪設通信線路的做法。

16劃以上

■橡皮筋

主要是用來收束繩類物品末端用的寬橡皮帶。

■螢光棒（Chemical Light）

棒狀的發光道具，折成兩半後會產生化學變化而發光。也被稱為「Cyalume」。有綠、黃、紅、藍等各種顏色，裝在野戰服或裝備上可以作為夜間行動時的記號。發光時間依種類有數分～12小時等等，亮度會隨著時間經過而減弱，但還是足以觀看地圖。

■壓克力

和尼龍、聚酯纖維並列三大纖維。因為觸感像羊毛所以常用在毛衣等防寒衣物上。特色是吸水性低，快乾。

■雜囊

掛在肩上的側背型袋子。如名稱所述是可以放入雜物的囊袋，內衣或食物等什麼都能放進去。

■鐵十字勳章

德國代表的武功勳章（頒給在戰功彪炳的人的勳章）。制定於19世紀初期，到第二次世界大戰為增加了二級鐵十字、一級鐵十字、騎士鐵十字、大鐵十字等種類，最後多到不在徽章上追加橡葉、劍、鑽石等裝飾花紋的話就無法湊足徽章數目。

■鐵帽

自衛隊對戰鬥用頭盔的稱呼。最新的88式鐵帽雖然是以克維拉和樹脂製成，但還是被稱為鐵帽。

■罐頭食品

演習或災害救援時，作為主食的米飯罐頭或副食品罐頭。也就是罐裝的口糧。

索引

英數字

1～5劃

6～10劃

11～15劃

16 劃以上

参考文獻

『U.S.ミリタリー雑学大百科』〈Part1・Part2〉菊月俊之　グリーンアロー出版社
『コンバットバイブル』〈1・2〉上田信　日本出版社
『大図解 世界の武器』〈1・2〉上田信　グリーンアロー出版社
『ミリタリー雑学大百科』〈Part1・Part2〉坂本明　文林道
『最新兵器戦闘マニュアル』坂本明　文林道
『世界の軍用銃』坂本明　文林道
『未来兵器』坂本明　文林道
『対テロ・対犯罪のセキュリティシステム』坂本明　文林道
『現代の特殊部隊』坂本明　文林道
『大図解特殊部隊の装備』坂本明　グリーンアロー出版社
『武器』ダイヤグラムグループ 編／田島優・北村孝一 訳　マール社
『アメリカ陸軍全史』《[歴史群像]W.W.II欧州戦史シリーズVol.21》学習研究社
『［図説］最新アメリカ軍のすべて』学習研究社
『［図説］第一次世界大戦』〈上・下〉学習研究社
『帝国陸軍 戦場の衣食住』《[歴史群像]太平洋戦史シリーズVol.39》学習研究社
『サバイバル・バイブル』柘植久慶　原書房
『M16&ストーナーズ・ライフル』床井雅美　大日本絵画
『戦闘ナイフ』Ichiro Nagata、Tomoyuki Hasegawa 著　バウハウス
『マッカーサーの軍用車輛たち』KKワールドフォトプレス
『第2次大戦 各国軍装全ガイド』マルカム・マクグレガー、ピエール・ターナー 画／ピーター・ダーマン 文／三島瑞穂 監訳／北島護 訳　並木書房
『軍用時計のすべて』ジグマント・ウェソロウスキー 著／北島護 訳　並木書房
『ドイツ軍ユニフォーム&個人装備マニュアル』菊月俊之　グリーンアロー出版社
『第2次大戦 米軍軍装ガイド』リチャード・ウインドロー 著／ティム・ホーキンズ 撮影／三島瑞穂 監訳／北島護 訳　並木書房
『ヴェトナム戦争 米軍軍装ガイド』ケヴィン・ライルズ 著／三島瑞穂 監訳／北島護 訳　並木書房
『実録ヴェトナム戦争 米歩兵軍装ガイド』ケヴィン・ライルズ 著／三島瑞穂 監訳／北島護 訳　並木書房
『第2次大戦 ドイツ兵軍装ガイド』ジャン・ド・ラガルド 著／アルバン編集部 訳　並木書房
『第2次大戦 ドイツ軍装ガイド』ジャン・ド・ラガルド 著／石井元章 監訳／後藤修一、北島護 訳　並木書房
『太平洋戦争 日本帝国陸軍』成美堂出版
『日本の軍装』中西立太 著　大日本絵画
『レーション・ワールドカップ』オークラ出版
『世界のミリメシを実食する』菊月俊之 著　ワールドフォトプレス
『米陸軍軍装入門』小貝哲夫 著　イカロス出版
『世界の兵器 ミリタリー・サイエンス』高橋昇 著　光人社
『ミリタリーデザイン』〈1・2・3〉ワールドフォトプレス
『軍服』《ビジュアルディクショナリー7》同朋舎出版
『特殊部隊』《ビジュアルディクショナリー11》同朋舎出版
『第一次世界大戦』《ビジュアル博物館87》サイモン・アダムズ 著／アンディ・クロフォード 写真／猪口邦子 日本語版監修　同朋舎
『第二次世界大戦』《ビジュアル博物館88》サイモン・アダムズ 著／アンディ・クロフォード 写真／猪口邦子 日本語版監修　同朋舎

『コンバット・クロニクル』ジョー・デヴィッドスマイヤー 著／中村省三 訳／菊月俊之 監修／浅香昌宏 編　グリーンアロー出版社

『防衛白書』各号　防衛庁 編／大蔵省印刷局
『自衛隊装備年鑑』各号　朝雲新聞社
『歴史群像』各号　学習研究社
『週間ワールド・ウェポン』各号　デアゴスティーニ
『月刊アームズマガジン』各号　ホビージャパン
『ストライク アンド タクティカル マガジン』各号　カマド
『コンバットマガジン』各号　ワールドフォトプレス

圖解 軍事裝備

Military equipment

出　　版／楓書坊文化出版社
地　　址／新北市板橋區信義路163巷3號10樓
郵政劃撥／19907596 楓書坊文化出版社
網　　址／www.maplebook.com.tw
電　　話／(02) 2957-6096
傳　　真／(02) 2957-6435
作　　者／大波篤司
封面插畫／福地貴子
內文插畫／兒玉智則
翻　　譯／呂郁青
總 經 銷／商流文化事業有限公司
地　　址／新北市中和區中正路752號8樓
網　　址／www.vdm.com.tw
電　　話／(02)2228-8841
傳　　真／(02)2228-6939
港澳經銷／泛華發行代理有限公司
定　　價／280元
初版日期／2011年12月

國家圖書館出版品預行編目資料

圖解軍事裝備 / 大波篤司作；呂郁菁翻譯.
-- 初版. -- 新北市：楓書坊文化, 2011.12
232面18.2公分

ISBN 978-986-6173-82-0（平裝）

1. 軍事裝備 2. 問題集

595.9022　　100022969